了不起的我

[美] 玛丽-弗朗西斯·奥康纳（Mary-Frances O'Connor）著

宁静 译

走出丧亲之痛的自我疗愈之旅

The Grieving Brain

The Surprising Science of How We Learn from Love and Loss

本书围绕悲伤的情感、悲伤的过程以及如何开始重建有意义的生活而展开。通过理解悲伤的多个侧面，通过更详细地关注大脑回路、神经递质、行为及情感如何参与丧亲过程，我们有机会以新的方式与那些正在遭受痛苦的人共情。我们能体验他人悲伤的情感，以更大的同情和希望理解悲伤的过程。

作者研究丧亲的悲伤之痛对大脑及身体的影响已有20余年，主张丧亲的悲伤之痛应被视为一种学习方式，并希望可以通过本书中新的视角来观察大脑如何使我们怀着对已逝亲人的记忆和爱度过余下的人生。

图书在版编目（CIP）数据

了不起的我：走出丧亲之痛的自我疗愈之旅 /（美）玛丽 - 弗朗西斯·奥康纳著；宁静译．— 北京：机械工业出版社，2023.2

书名原文：The Grieving Brain: The Surprising Science of How We Learn from Love and Loss

ISBN 978-7-111-72576-3

Ⅰ.①了…　Ⅱ.①玛…②宁…　Ⅲ.①心理学-通俗读物　Ⅳ.①B84-49

中国国家版本馆CIP数据核字（2023）第020700号

机械工业出版社（北京市百万庄大街22号　邮政编码100037）
策划编辑：刘怡丹　　责任编辑：刘怡丹　侯春鹏
责任校对：韩佳欣　李　婷　　责任印制：单爱军
北京联兴盛业印刷股份有限公司印刷

2023年3月第1版第1次印刷
145mm × 210mm · 7.875印张 · 130千字
标准书号：ISBN 978-7-111-72576-3
定价：65.00元

电话服务
客服电话：010-88361066
　　　　　010-88379833
　　　　　010-68326294
封底无防伪标均为盗版

网络服务
机　工　官　网：www.cmpbook.com
机　工　官　博：weibo.com/cmp1952
金　　书　　网：www.golden-book.com
机工教育服务网：www.cmpedu.com

前　言

自从有人类关系开始，我们就一直与亲人去世之后的强烈悲伤做斗争。诗人、作家、艺术家向我们呈现了悲伤几乎不可描述的本质，令人感动，我们丧失了一部分的自己，他们的缺席像厚重的斗篷一样压在我们身上。作为人类，我们似乎被驱赶着，去尝试表达我们的悲伤感受，描述背负这一重担的体验。在20世纪，精神病学家西格蒙德·弗洛伊德（Sigmund Freud）和伊丽莎白·库伯勒－罗丝（Elisabeth Kübler-Ross）开始从更客观的视角，描述他们的访谈对象在悲伤期间的感受，注意到不同人的感受模式的特殊与相似之处。关于悲伤"是什么"的科学文献中出现了伟大的描述——悲伤的感觉是什么，带来了什么问题，甚至产生了什么身体反应。

而我一直想要了解的不是"是什么"而是"为什么"。为什么悲伤如此痛苦？为什么死亡，你与之联结的这个人的永远缺席，会带来如此毁灭性的感情，造成甚至连你自已都无法解释的行为和看法？我确信答案的一部分可以在大脑中找到，大脑是我们思想和感情、动机和行为的所在地。我们如果可以从大脑在悲伤期间的所作所为这个角度来观察，或许就可以找到悲伤是“如何”发生的，而这将帮助我们理解“为什么”。

人们常常会问，是什么促使我研究悲伤，成为悲伤的研究者。我想这个问题通常来自简单的好奇，但同时也可能由于他们想要知道我是否值得信任。你们或许想知道我是否有切身体会，是否曾走过死亡和丧失的黑夜，知道自己所言说和研究的到底是什么。我和悲伤的人交谈，他们向我描述他们的丧失和被摧毁的生活。我所体验的悲伤和他们的一样痛苦。我也曾经历丧失。在我八年级时，母亲被诊断为四级乳腺癌。医生给她做乳房切除术时，取出的每一个淋巴结上都有癌细胞。她知道，癌细胞已经扩散到她身体的其他部位。我当时只有13岁。直到多年以后，我才知道，母亲有可能活不到一年。但是我知道悲伤降临我们的家，打乱了我们由于父母分居和母亲抑郁已经困难重重的家庭生活。我们的房子坐落在离大陆分水岭不远的北落基山脉的山上，那是一个乡村小镇，因为一个小小学院的存在而平添文化气息。我的父亲在学院教书。医生把母亲的癌症描述为他见证的“第一个奇迹”——她又活了13年，为了她的两个十几岁的女儿——我和我的姐姐。死神给母亲执行了缓刑。然而在这个世上，我成了母亲的情感滋养，她的心情调节器。我离家上大学，虽然符合我发展的需要，却加重了她的抑郁。因此，我渴望理解悲伤，与其说这是缘于在我 26 岁时母亲去世后我的个人体验，还不如说来自于她去世后，我渴望理解她的悲伤痛苦，以及想要知道我本来可以怎样帮助她这一更加简单的愿望。

我去芝加哥的西北大学上学，逃离了乡村，去大城市生活。那里一个街区的工作的人要比我整个家乡生活的人都多。我第一次遇到功能神经成像（neuroimaging）这个词，是在 20 世纪 90 年代早期《神经科学导论》（*Introduction to Neuroscience*）课本上的几句话里。功能性磁共振成像（functional Magnetic Resonance Imaging，简称 fMRI）当时是一门崭新的技术，全世界只有少数几个研究者可以接触到。我被这一技术深深吸引。尽管我难以想象自己能够用上一台这样的机器，我还是为科学家能够一览大脑这个黑匣子的可能性激动不已。

10 年后，我在亚利桑那大学研究生院完成了博士学位论文，论文是关于悲伤干预的研究。在我的答辩委员会成员中，一位精神病学家向我建议，我有极好的机会去观察悲伤中的大脑是什么样子，并建议我邀请参加我学位论文研究的被试返回实验室，进行功能性磁共振成像扫描。我感到很纠结。我已经达到了临床心理学博士学位的要求。神经成像是一种全新的技术，带有陡峭的学习曲线。但有时一个项目的运气就是这么好，我们开始了第一个关于悲伤的功能性磁共振成像研究。精神病学家理查德·莱恩（Richard Lane）在伦敦大学学院度过了一个学术年假，那里的研究者发明了分析功能性磁共振成像扫描图像的新方法。莱恩愿意教我分析方法，但是我依然感觉这是一个难以完成的任务。

然而，我们的运气实在太好了。德国精神病学家哈罗德·金德尔（Harold Gündel）碰巧想来美国，请我和莱恩教他神经成像的方法。我和金德尔在 2000 年 3 月初次见面，一见如故。我们都对大脑如何维持有助于我们调节情感的人际关系非常着迷，也都对当这些关系丧失后会发生什么而深感好奇。谁能想到呢，两个出生在不同国家，相差 10 岁的研究者，会有如此相近的研究兴趣？由此，我们的研究万事俱备。在我的博士学位论文研究过程中，我结识了一群丧亲者，他们愿意接受功能性磁共振成像扫描，金德尔掌握关于大脑结构和功能的知识，莱恩拥有成像技术。

还有一个障碍需要靠运气来克服。金德尔只能来美国一个月。我在 2001 年 7 月将前往加州大学洛杉矶分校，开始我的临床实习。令人担忧的是，我校医学中心的神经成像扫描仪在我们能够聚集在亚利桑那州图森（Tucson, Arizona）的时候计划更换。但是，所有的建设工程都面临同样的问题：

延期。所以，2001年5月，神经成像扫描仪使用计划停滞，但原有的扫描仪依然可以用。我们的第一个悲伤神经成像研究在四周内完成，这对任何研究项目都是创纪录的时间。本书也将提供这项研究的结果。

来到加州大学洛杉矶分校给了我机会，让我得以增加科研工作中另一方面的专长。在这里，我完成了为期一年的临床实习。在医院和诊所中，我遇见了有着各种精神健康和医学问题的病人。在临床实习之后，我开始了心理神经免疫学（psychoneuroimmunology，简称PNI）的博士后研究，这是一个研究关于免疫学如何融入心理学和神经科学知识的新领域。我在加州大学洛杉矶分校待了10年，转入教师岗位，但最终回到了亚利桑那大学。在这里，我负责悲伤、丧失和社会应激（Grief, Loss, and Social Stress，简称GLASS）实验室，一边带研究生和本科生，一边主持临床训练项目，这是一份非常充实的工作。现在，我的生活丰富多彩。我每天花数小时阅读研究文献，并设计新的研究，探测悲伤这一短暂体验的机制；我在或大或小的课堂给本科生上课；我与来自全国和世界各地的其他临床心理学家共同确立悲伤研究领域的发展方向；我指导研究生，帮助他们形成自己的研究模型，撰写专著，传播他们在这一领域的发现，并在我们当地的社区做讲座；或许最重要的是，我激发每个人科学思维方面的天赋，敦促他们透过科学的视角，向我们展示他们所看到的独特世界。

尽管我作为研究者、导师、教授和作家的角色，意味着我不再能够给病人治疗，但我还是有许多机会，通过研究中的广泛访谈，倾听人们的悲伤。我会问各种各样的问题，也会仔细倾听那些善良而慷慨的人们的故事。他们告诉我，他们参加研究的动机是与科学家分享他们的经历，以便帮助下一个经历丧亲之痛的人。我对他们每一个人心存感激，并试图通过本书对他们的贡献表达敬意。

当我们想到悲伤时，进入我们脑海的学科并不一定是神经科学，当我刚开始自己的探索时，情况更是如此。在我多年的学习和研究中，我最终意识到爱人去世后，大脑面临着一个需要解决的问题。这不是一个小问题。失去我们唯一的挚爱会将我们淹没，因为我们需要爱人，就像我们需要食物和水一样。

幸运的是，大脑善于解决问题，实际上，大脑的存在就是为了解决问题。在几十年的研究之后，我意识到大脑在我们爱人活着的时候，付出了很大努力来为他们的位置绘图，这样在我们需要他们的时候，就可以找到他们。大脑通常喜欢习惯和可以预测的事，而不是新信息。但是大脑也努力尝试和学习无法避免的新信息，比如我们爱人的缺席。悲伤的过程需要我们扔掉用来与爱人在一起生活的导航地图，并改变我们与逝者的关系。悲伤的过程，或者学习离开我们的爱人而过有意义的生活，从根本上是一种学习。学习是我们一生都在做的事情，把悲伤的过程看成一种学习，或许会使其感觉熟悉、可以理解，并给予我们等待这一非凡过程发生的耐心。

当我和学生、临床医生或飞机上与我并坐的人聊天时，我发现他们都对悲伤有热切的疑问。他们会问：悲伤和抑郁是一回事吗？人们不表现出他们的悲伤，这是否意味着他们在否认悲伤？失去孩子比失去配偶更糟糕吗？还经常有这样的问题：我认识一个人，他的母亲 / 兄弟 / 最好的朋友 / 丈夫去世了，他在 6 周 /4 个月 /18 个月 /10 年之后依然在悲伤，这正常吗？

多年之后我意识到，这些问题背后的假设显示，悲伤研究者在宣传他们所学到的知识方面不太成功。这是促使我写本书的原因。我沉浸于心理学和悲伤研究者乔治·博南诺（George Benanno）所称的“丧亲新科学”（new science of bereavement）中。在本书中我关注的悲伤类型，适用于那些失去了配偶、孩子、最好的朋友和任何亲密伙伴的人群。我也探索其他丧失，比如失业，我们为从未见过的名人的死感到的痛苦。我也为“临近悲伤”（grief adjacent）的人们（那些身边有人正经历悲伤的人）提供想法，帮助他们理解身边的人发生了什么。这不是一本实用建议手册，然而很多读者告诉我，他们从中学到了可以应用于他们自己独特丧失体验的知识。

大脑一直吸引着人类，而新的方法使我们看到大脑这个黑匣子的内部。尽管如此，我并不认为从神经科学视角研究悲伤，比社会学的、宗教学的或者人类学的视角要好。我真诚地这么认为，尽管我一直致力于神经科学研究。我相信透过神经生物学的视角来理解悲伤，可以帮助我们加深理解，形成对于悲伤更完整的看法，用新的方式应对悲伤造成的痛苦和恐惧。神经科学是我们时代的一种话语。通过理解悲伤的多个侧面，通过更详细地关注大脑回路（brain circuits）、神经递质（neurotransmitters）、行为以及情感如何参与丧亲过程，我们有机会以新的方式与那些正在遭受痛苦的人共情。我们能体验他人悲伤的情感，以更大的同情和希望理解悲伤的过程。

你或许已经注意到我使用的词是“悲伤的情感”（grief）和“悲伤的过程”（grieving）。尽管你可能听过它们被互换使用，但我在它们之间做出重要区分。一方面是“悲伤的情感”——像海浪一样将你冲击，并完全淹没，以至于无法忽视的强烈情感。悲伤的情感让我们不断回忆那个时刻，然而那些时刻和我所说的“悲伤的过程”是不同的。很显然两者是相关的，这也是为什么在描述我们的丧失经历时，它们常被互换使用。但是它们也有关键的区别。可以看出，悲伤的情感永不结束，因为它是对丧失的自然反应。你会永远为失去某个特定的人而悲伤痛苦。你会在不同的时刻被悲伤淹没，甚至在爱人死亡多年之后，在你已经重建了有意义、充实的人生之时。尽管你会永远体验到悲伤这一普遍的人类情感，但是在你的悲伤、适应过程中，你却会随着时间和经验的不同，而有不同的悲伤体验。在你体会悲伤阵痛的前 100 次，你或许会想，我永远走不出，我受不了。在你体会悲伤阵痛的第 101 次，你或许会想，我好恨，我不想这样——但是这种情感很熟悉。我知道我会度过此刻。即使悲伤的情感是一样的，你和这种情感的关系却发生了改变。在丧失之后的多年依旧感到悲伤，或许会令你怀疑自己是否真的适应了。然而，如果你把情感和适应的过程看作两件不同的事情，那么你即使在悲伤了很长一段时间后依然体验到悲伤就可以理解了。

你可以把我们在本书中的共同旅程看成解开一系列奥秘的过程，其中第一部分围绕悲伤的情感展开，第二部分围绕悲伤的过程展开。每一章都回答一个特定问题。第 1 章的问题是，这个人已经去世，永远离开了，为什么理解这一点如此困难？认知神经科学可以帮助我们解答这一问题。第 2 章的问题是，为什么悲伤会产生这么多的情感——为什么我们会感到如此强烈的悲伤、愤怒、责备、内疚和渴望？我会引入依恋理论，包括我们的神经依恋系统。第 3 章在前两章回答的基础上，提出下面的问题：为什么理解我们的爱人永远离开了需要这么长的时间？为了解决这一难题，我解释了我们的大脑同时拥有的多种形式的知识。前 3 章给了我们足够的背景知识，使我们可以在第 4 章进入正题：悲伤期间，大脑会发生什么？然而，为了理解这一问题的答案，我们也要考虑：在丧亲科学的历史上，我们对于悲伤的理解经历了怎样的变化？第 5 章细致考察了在失去爱人之后，为什么有些人比其他人适应得更好，并梳理了复杂悲伤（complicated grief）有哪些并发症。第 6 章反思了为什么在我们失去特定的爱人时会感到如此痛苦，这一章还讲述了爱如何运作以及我们的大脑如何使关系中的联结发生。第 7 章解答了我们被悲伤所淹没时应如何做的问题。我借助临床心理学，寻找这一问题的答案。

在第二部分，我们转向悲伤的过程这一话题，以及我们能如何开始重建有意义的生活。第 8 章的问题是，我们在失去爱人后，为什么总会沉思？改变我们思考的内容，可以改变我们的神经连接，提高我们学习重建有意义生活的可能性。第 9 章从对过去的专注，转向一个新的问题：如果当下的生活充满悲伤，我们为什么还要参与当下的生活？答案体现了这样的思想，即只有在当下，我们才能体验欢乐，了解共同的人性，表达对活着的爱人的爱。在第 10 章中，我们从过去、现在，转向未来，提出的问题是，如果这个人永远不会回来了，我们的悲伤如何能发生改变？我们的大脑是非凡的，它使我们可以想象未来无穷无尽的可能性，只要我们能够利用这样的能力。第 11 章以认知心理学对悲伤的理解结束，认知心理学将悲伤视为一种学习。保持悲伤是一种学习的心态，认识到我们一直都在学习，或许会让曲折的悲伤之路更加平坦，更有希望。

本书中有三个角色。第一个也是最重要的角色是你的大脑，它能力非凡，工作过程神秘莫测，它会在爱人去世后，倾听、观看发生了什么，好奇又该怎么做。大脑是整个故事的中心。它经历了漫长的演化，携带着你关于爱和丧失的数个小时的个人体验。第二个角色是丧亲科学，这是一个拥有很多魅力十足的科学家和临床医生的新兴领域，也不乏任何科学探索都会有的失败尝试和令人激动的发现。第三个角色是我，它集悲伤者与科学家于一身，因为我想让你们信任我，做你们的向导。我自己的丧失经历并非如此不同寻常，但是通过我的毕生工作，希望你们可以透过新的视角，来观察大脑如何使你们怀着对已逝爱人的记忆和爱度过余下的人生。

目　录

第二部分 重建过去、现在和未来的有意义生活

了不起的我

拥有区分的智慧

黑暗中行走

在时间中适应

寻找亲密感

出现并发症

对爱人的渴望

第一部分

此地、此时与亲密感的痛苦丧失

第1章　黑暗中行走

从神经生物学的角度解释悲伤时，我通常会从一个比喻开始。这个比喻来自日常经验。为了理解这个比喻，你得先接受一个假设，就是有人偷走了你餐厅里的桌子。

想象一下，你半夜口渴醒来，下了床，去厨房取水喝。你走过过道，穿过黑乎乎的餐厅，进入厨房。你在脑海中想象着你的臀部应该能碰到餐厅桌子的一个硬角上了，你会感觉如何？你会突然意识到你没有任何感觉（因为餐桌已经被偷走了）。这就是你所意识到的——没有什么感觉，没有什么特别的感觉。引起你注意的恰恰是感觉的缺失。这真的很怪异——通常引起我们注意的是某种感觉，而非感觉的缺失。为什么会这样呢？

其实，你并不是在这个世界中行走。更准确地说，你大多数时间是在两个世界中行走。一个世界是完全由你的大脑创造的虚拟地图。大脑指挥你的身体在它创造的虚拟地图中行走，这就是为什么你可以在黑暗中顺畅行走的原因。你并不是利用外在世界的图景来导航的，你用的是自己脑中的地图，大脑指到哪里，身体就跟到哪里。

可以把这个虚拟地图想象成你头脑中的谷歌地图。你开车时有没有这样的经验？就是听导航时并不完全知道自己把车开到了哪里。有时语音导航告诉你转弯，你却发现自己驶向了自行车道。有时，导航和现实并不完全吻合。和谷歌地图一样，你脑中的地图是依赖它之前对一个地区的了解来导航的。然而，为了确保你的安全，你大脑中有整片的区域专注于发现错误——发现你脑中的地图和真实世界不相吻合之处。一旦发现了错误，大脑就会转到新出现的视觉信息上（如果是夜间我们就会打开灯）。我们依赖大脑地图，是因为指挥身体在大脑地图中行走，比在真实的熟悉房子中行走所需要的算力要小得多——仿佛你知道门在哪里，墙在哪里，家具又在哪里，然后决定如何导航。

没人能料到他们的餐厅桌子被偷，也没人能料到他们的爱人会死去。即使一个人重病很长时间，也没人知道失去这个人，独自在世间行走是怎样的感觉。作为科学家，我从大脑的角度研究悲伤，认为大脑面对挚爱的缺席，试图解决一个问题。悲伤是大脑需要解决的一个令人痛苦不堪、心如刀绞的问题，而悲伤的过程意味着你要学习在这个你所爱之人已不在的世界上继续生活，这个人曾经在你的人生中留下深刻印记。这意味着对大脑来说，你爱的人虽然已经走了，但又没有被忘记。你同时在两个世界中行走。你爱的人们已经从你的生活中被偷走，你却仍在按照旧地图导航你的生活。这是一个难以理解，令人既困惑又沮丧的假设。

大脑如何理解丧失？

大脑究竟是如何指挥你同时在两个世界行走的？当你的臀部没有撞到餐厅桌子，大脑是如何让你感觉怪异的？大脑如何创造虚拟地图，对此我们非常了解。我们甚至已经知道大脑中海马体（hippocampus）的位置，海马体是大脑地图的储存场所。为了了解这一灰质结构的所作所为，我们经常依赖对动物的研究。动物的基本神经过程和人类相似，它们也使用大脑地图四处走动。在老鼠身上，我们可以使用传感器来接收单个神经元（neuron）发出的电子信号。老鼠跑动时戴着头盔，随着神经元的信号发射，老鼠的行动轨迹便被记录在案，我们便可以知道神经元所回应的地标是什么，位置在哪里。

在挪威神经科学家爱德华·莫泽（Edvard Moser）

和梅 - 布里特·莫泽（May-Britt Moser）的开创性研究中，一只老鼠每天都被带进一个盒子里，记录它的神经信号发射情况。盒子里只有孤零零的一个物品——一个高大明亮的蓝色乐高塔楼。老鼠每天进入它的小盒子 20 次，研究人员利用头盔装置发现当它遇见蓝色塔楼时会发出的神经元信号。他们把这些神经细胞称为“客体细胞”（object cells），因为老鼠进入这个客体所在区域时，这些细胞就会发出信号。即使这些客体细胞发出的信号显而易见，它们为什么会发出信号还是个问题。是因为神经元能够辨认出蓝色塔楼的感官印象（塔楼有多高多蓝多硬），还是神经元意识到“嗯，这个我以前见过”？如果神经元是在编码经验，那就有趣了。研究者们把蓝色乐高塔楼移出盒子，让老鼠继续每天进入盒子。令人惊奇的是，老鼠进入蓝色塔楼原先所处的区域时，一些特定神经细胞还是发出信号了。这些神经元是和客体细胞不同的一组细胞，研究者们称之为“客体踪迹细胞”（object-trace cells）。这些客体踪迹细胞是为蓝色塔楼的已逝踪迹发射信号的，这些踪迹却存在于老鼠大脑的虚拟地图里。更令人惊奇的是，这些客体踪迹细胞在蓝色塔楼被移除后的平均 5 天内持续发射信号，期间老鼠逐渐意识到蓝色塔楼不会再回来了。虚拟现实需要与真实世界同步更新。

根据我们对踪迹细胞的了解，如果我们的爱人去世，每当我们期待爱人在屋里出现的时候，我们的神经元会继续发出信号。直到我们意识到所爱之人将永远不会返回我们的物理世界，这一神经踪迹将一直持续。我们必须更新我们的虚拟地图，为新生活创造新的地图。我们需要数周甚至数个月的时间来处理悲伤、吸收新经验才能重新找到方向，这难道有什么奇怪的吗？

地图问题

通常，科学家们试图为他们所看到的现象寻找最简单的解释，而地图并不一定是我们定位物体的最简单的解释。除地图外，我们掌握蓝色塔楼特定位置的方法的另一个解释是单纯的条件作用，是在训练过程中学会建立的联系。但实际发生的情况远比学会建立联系更为复杂。神经科学家约翰·奥基夫（John O'Keefe）开创的研究让我们意识到这一点。奥基夫是客体踪迹细胞发现者的导师。20世纪70年代，奥基夫和林恩·纳德尔（Lynn Nadel）（后者是我在亚利桑那大学的同事）产生了一个革命性的想法。

科学家们设计出一个实验来比较这两种想法，即我们能学会建立联系抑或是拥有头脑中的地图。一种假说是老鼠通过记住它寻找美味食物途中所走的路来学会找到食物的位置。这就是“线索学习”（cue learning），也就是动物通过回应它之前所见过的线索来学习，这是一种建立联系的方式。另一种假说是老鼠的头脑中（更准确地说是它的海马体中）有一张地图，它是通过寻找美味食物在它头脑地图中的位置来寻找这些食物的。和线索学习不同，这是一种“地方学习”（place learning）。

奥基夫和纳德尔建造了一个有着均匀分布的洞眼的盒子，食物被放在某个洞眼当中。当老鼠被放在盒子的入口处时，它很容易知道，比如，右转经过两个洞眼，在第 3 个洞眼中有食物。如果老鼠是通过这些线索来找到食物的，那么如果研究者把它放到另一个入口处，同样的计划便不再可行。如果它右转经过两个洞眼，便不能再在第 3 个洞眼找到美味的食物。与此不同，如果它脑中有关于整个盒子的地图，便无所谓一开始被放在盒子的哪一个入口。它只需跑到食物所在的洞眼，因为它知道该洞眼在整个盒子中的位置。

老鼠脑中有整个区域的地图。实验表明，老鼠所做的是地方学习而不是线索学习。实际上，单个的神经元为盒子中的特定地方发出信号，这是一种代表每个地点的编码。这些单个神经元被称为“地方细胞”（place cells）。地方细胞记录我们在世界上的位置，也记录对我们来说重要的其他事物在世界上的位置，比如食物的稳定来源。同样，人类为他们的冰箱留有地方细胞。不论我们是从前门还是后门回家，都能靠我们的脑中地图直接找到冰箱。

所爱的人和食物与水一样，对我们非常重要。我如果让你立刻找到你的男朋友或女朋友或者去接你的孩子，你可能很清楚地知道该如何找到他们。我们用脑中地图来找到我们所爱之人，猜测他们所在的位置，在他们不在的时候去寻找他们。悲伤的一个关键问题就是当我们像往常那样用虚拟地图寻找我们的爱人时，却再也不能在现实时空中找到他们了。我们悲痛不已、惊恐困惑，原因之一就是他们不再出现于我们的地图所标定之处了。

演化是位修补匠

地球上第一批能运动的生物需要寻找食物——它们生活中的必需品。神经地图或许就是为满足这一需求而发展起来的。后来随着哺乳动物的兴起，另一个需求产生了。我们需要同类伙伴来关爱我们，保护我们，和我们共度人生。我们把这些称为依恋需求（attachment needs）。我们可以暂时把对食物的需求和对爱人（依恋关系）的需求视为哺乳动物面临的相似问题。当然食物和爱人是显然不同的。食物并不总在同样的地方，而我们的爱人有自己的思想，更加难以预料。

让我们以一个哺乳动物为例，来看看我们可以如何利用大脑地图来解决寻找我们爱人位置的问题。我最喜欢的一个电视节目——《非洲 · 庄园》（*Meerkat Manor*）记录了卡拉哈里沙漠（Kalahari Desert）非洲獴（meerkats）的生活。非洲獴是小型啮齿目动物，长得像草原犬。这个节目是《野生王国》（*Wild Kingdom*）与《年轻而躁动》（*The Young and the Restless*）的混合体。长着髯须的非洲獴家族由睿智凶狠的雌性首领“阿花”带队。每天阿花都和它的觅食队伍走进草原，寻找甲虫、蝎子和沙漠中的其他美味。另一些非洲獴则留守家中，照看和保护无助的非洲獴幼崽。觅食者走出漫长的距离，却总能每晚回到它们的幼崽及其照看者身边。它们知道在吃光了一片区域的食物之后，多久再回到那里。它们每隔几天就把整个家族搬迁到一个新的地下洞穴，却总能准确导航。这样的洞穴数以百计。非洲獴通过持续搬迁来逃避捕食者、竞争者、跳蚤以及复杂的家务。这些小型哺乳动物海马体中的虚拟地图一定非常广大，它们才能毫不费力地一次次回家。

演化赋予了社会生物为他们的环境绘图的计算能力。他们知道好的食物来源在哪里，何时返回曾经觅食的区域。但演化也是一位修补匠，当一个新的需求产生时，它总是使用已经存在的机制，而不是重新产生一个新的大脑系统。所以，觅食时编码在神经元中的绘图方法也被用于守护孩子，每晚返回孩子身边，或是在紧急情况下解救孩子。就像影视剧一样，阿花看到一只鹰在它孩子藏身的洞穴上空盘旋，它会飞奔返回老巢。作为人类，我们主要从三个维度在头脑的虚拟地图中为所爱之人的位置绘图。前两个维度与我们寻找食物时的方法类似——空间（space）（食物的位置）和时间（time）（觅食的时机）。第三个维度我称之为“亲密感”（closeness）。一种确保我们所爱之人的行为可以预测的方法是了解他们是否与我们之间有联结。如果他们有意愿等我们回家，有在我们不在时寻找我们的欲望，那么我们就更有可能找到他们。这一看不见的绳索——亲密感的联结正是英国精神病学家约翰·鲍尔比（John Bowlby）所称的依恋（attachment）。把亲密感视为一个绘图维度，这是很新鲜的想法，我会在第 2 章具体阐释。现在，让我们聚焦于这三个总的维度——此地（here），此时（now）和亲密（close）。

依恋联结[㊀]

我们是如何学习此地、此时和亲密的维度的呢？当

㊀ The Attachment Bond。

一个婴儿降生时，他在与他的照料者接触时产生安全感。在本节中，我把这个照料者称为“她”，虽然其完全有可能是一位父亲。相反我把新生儿称为“他”，婴儿在与母亲的身体接触中得到安抚，感到快乐。他小小的头脑还只能对有没有身体接触做出区分。此时，婴儿并不一定知道他自己和他身体接触的对象之间的区别，但是当他希望得到这种接触时，内在的本能反应就是哭。婴儿了解到，在缺乏身体接触时哭，将会让妈妈再次接触他，而这接触具有奇妙的安抚作用。随着婴儿大脑的进一步发展，即使有距离（空间维度），他依然能感到和妈妈之间的依恋联结。如果婴儿发现妈妈在屋子里或者听见她在隔壁房间，就会觉得他的依恋需求是可以被满足的。这是虚拟现实的第一次出现，基于视觉或听觉线索而不是身体接触对妈妈的精神再现。这是母子之间跨越空间的依恋联结，就像一根看不见的绳索。在房间另一边的妈妈同样具有安抚效应，婴儿因为感到安全而怡然自得。

下面，婴儿开始学习时间维度。一岁时的某一天，婴儿在妈妈消失时开始哭泣。尽管大多数人认为这是婴儿与妈妈情感联结发展的结果，但他哭泣的原因不只是情感联结的发展。妈妈离开时，婴儿号啕大哭，还因为婴儿的大脑得到了特别的发展。婴儿需要的是一个工作记忆。他的工作记忆能力产生于大脑不同部件之间新的神经联系的形成。婴儿可以记得 30~60 秒之前发生的事情（当时妈妈在这里），也能记得现在发生的事情（妈妈不在这里了），并把这两件事联系起来。遗憾的是，他并不能应对妈妈的缺席对他意味着什么这个不确定性。所以尽管他的大脑已经成熟到可以辨认出现在和过去的不同，但是他唯一的选择也只能是哭出声来，希望妈妈能够听见并返回。

最终，随着经验的增加，婴儿发现尽管妈妈走了，但她还是会回来的。学步时的儿童意识到，只要他看完一集或者两集《芝麻街》，不用怀疑，妈妈就会回来，世界就会美好如初。在学步儿童的脑海里，妈妈虽然看不见也听不到，却依然存在于虚拟现实中。学步儿童对爱与安全的依恋需求并不过分强烈，因为他知道妈妈会回来，这足够给他以安慰。因此依恋联结将孩子和母亲跨越时间，联系到一起。

大脑在寻找食物的过程中吸收借鉴了空间和时间维度。这些哺乳动物把同样的维度运用到他们的照看者身上，他们存活下来，然后把基因传递下去。那些不脱离妈妈视线的婴儿逃脱了食肉动物的追捕。那些等待妈妈带着食物返回的学步儿童获得了更好的营养，长得更加健壮。头脑将一个问题的解决方法运用到另一个问题的解决上，依恋关系得以发展，哺乳动物作为新物种得以演化。

当三大维度都失效

为了满足我们对爱人带来的安慰和安全感的需求，我们的依恋需求，我们需要知道爱人身在何处。在我成为博士之前经过了不同的教育阶段。每次毕业我都来到一个新的城市，新的学校。我的母亲每次都强烈要求来我的新住处看望我。“我要能够想象你现在身在何处。”她说。这会让她感觉离我更近，也能减轻我不在身边时对我的思念。

如果我们在大脑的虚拟地图中用这三大维度——此地、此时和亲密感——来定位和追踪我们的爱人，那么死亡则会带来一个特别令人崩溃的问题。突然，你被告知（在认知的层面上，你也相信）你的爱人不再能在这个时空中被定位。但是在另一个层面上，这又很难理解，大脑无法预测这一可能性，因为它处于大脑的经验之外。一个人不再存在，这一想法和大脑毕生所学的规则并不相符。家具不会凭空消失，爱人总能找到。我们的爱人不见了，我们的大脑会认为他们去了别处，之后一定能找到。对他们缺席的反应简单直接——去找到他，哭泣，发短信，打电话，或者使用任何可能的方式争取他们的注意。这个人已经不在世界上了，这一想法并不符合大脑的逻辑。

之前我提到，我们可以把对依恋关系的需求比作对食物的需求。现在，想象一下，当你一早醒来时，给自己做完早饭。当你坐下时，却发现餐盘里一无所有。杯子里没有咖啡。你做了所有该做的事，完成了做早饭的所有程序，但没有料到的是——就在昨夜，世界的运行规律彻底变了。你没有食物可吃了。你在餐馆点餐，服务员离开，然后回来为你服务，却什么也不端上来。这场景非常奇怪。就像我们被突然告知爱人死去所带来的极大困惑一样。虽然他人可能会这么认为，这种困惑并不是简单的否认。在急性悲伤（acute grief）中，人们感受到的是彻底的迷失。

我是疯了吗？

我在第一次为一名悲伤过度的病人做精神治疗时，病人称她自己疯了。她 20 岁出头，父亲突然死于一场惨烈的事故。她确信自己在事故之后在街上见过父亲。他头戴标志性的班丹纳印花围巾。她无法摆脱这一幕。她相信自己千真万确看到了他，但也知道这是不可能的。更糟糕的是，她希望自己能再见到他，虽然也担心父亲会因为受到重伤而面目全非。

在爱人去世后去寻找他们是一个非常普遍的现象。紧握、深嗅属于他们的物品以便和他们亲近，这样的行为也非常普遍，并不意味着这个人疯了（虽然好莱坞会让人这样想）。重要的是你的意图。如果你因为想念逝去的丈夫而悲痛欲绝，你找出一些与他有关的事物，能让你想起你们曾经共度的时光的事物，那是一回事。但如果在你女儿死去以后多年，你还保持着她去世当天卧室的原样，一样的床单，还保持着她起床时的形状。你在屋子里待着，试图重现她去世前你们的经历，那就成问题了。区别在哪里呢？第一个例子中，你生活在现在而回忆过去，带着你因为认识和爱过的那个人的失去而产生的所有痛苦。第二个例子中，你试图活在过去，假装时间停止了。尽管我们希望、努力、渴望让时间停止，我们却永远无法做到这一点。我们永远无法回到过去。我们必须最终走出那间房间，面对今天的现实给予我们的当面一击。

向我咨询的那个年轻女孩常常产生幻觉，以为自己看到了父亲，我告诉她并不需要因此住院治疗，因为她没有发疯，她在这之后才能够开始谈论她的悲伤，用语言表达她是多么需要她的父亲。因为她年纪轻轻，不知未来会遇见些什么。从很多方面来说，这份渴望正是悲伤的核心。

黑暗中寻觅

世界上的宗教一直尊重人们在时空之维中寻找他们逝去爱人的这种愿望。他们去了哪里？我会再次见到他们吗？所爱之人去世后，我们会有一种强烈的找到他们的冲动。这种冲动和许多人转向宗教追寻生命的意义和他们在宇宙中位置的冲动是完全一样的。宗教给予了抚慰人们丧亲之痛的答案。宗教常常为死者提供一个死后的住所（基督教的天堂、佛教的净土和希腊神话中的冥界）和我们可以再次见到去世亲人的时间（墨西哥的亡灵节，日本的盂兰盆会以及基督教的审判日）。在很多文化中，人们去墓地祭扫或者在家中供奉神龛，以此和逝去的亲人保持亲密联系，与他们说话或听取他们的意见。许多不同的文化都为人们提供了一个接近去世亲人的具体地点和时间，这或许意味着人们寻觅和标识我们爱人所在位置的强烈愿望（此时此地与他们接近的愿望）是与生俱来的。这种生物学的证据存在于我们的大脑深处，如果我们知道如何找到这个地方的话。

当然，标识出我们所爱之人的位置是一个实证性问题。人们标识他们已逝的爱人和活着的爱人的位置，使用的是同样的虚拟地图吗？这个地图存在于海马体当中吗？更重要的是，对于我们所爱之人的位置的了解、对于未来能接近他们的信心，能为丧亲之痛带来安慰吗？对此，我们（尚且）没有神经科学方面的证据。然而关于经历丧亲之痛个体的应激反应（stress response）和他们的宗教信仰的研究带来了一些有趣的发现。

首先，请记住，我们感到沮丧时，血压会升高，得到安慰后，血压又会恢复正常。我们知道，和其他人群相比，失去亲友后，人们的平均血压水平会升高。密歇根大学社会学家尼尔·克劳斯（Neal Krause）指出，当我们不断因为失去亲友而难过时，宗教信仰和仪式常常能够给我们带来有效的安慰。这种安慰效果在持续高血压水平的发生比率当中能明显看出来。克劳斯想出了一个聪明的研究方法。科研人员采访了一些年长的日本人，其中一些经历了丧亲之痛。那些经历了丧亲之痛，并且相信有一个美好死后世界的人，三年后没有经历持续的高血压水平。他们似乎因为这一死后世界的观念受到了保护。有趣的是，对于那些没有经历丧亲之痛的日本人，相信美好死后世界的存在并不能带来较低的血压水平。对于死后世界的信念，只对那些正经历丧亲应激、需要这一知识安慰的人维持正常的血压水平有作用。

神经科学家的任务不是决定宗教信仰是否正确，而是判断我们对于我们社会关系的想法是否会影响我们身体和精神的健康。或许我们的大脑跟踪我们活着的爱人的方法与我们和已逝爱人保持连接的方法有类似之处。不论宗教教义是否真实，通过神经科学，我们或许可以更好地理解大脑是如何体验这一令人惊叹的事实，即生命本身的。理解什么才能给那些寻找失去爱人的人带来安慰，或许能给安慰其他遭受丧亲之痛的人提供灵感。或许，在带来极大应激性反应的丧亲期间，寻找带来安慰的方法能让他们的头脑和心灵得到放松。

填补空白

我们的大脑不仅携带着范围广阔的虚拟地图，还是一台非常出色的预测机器。大脑皮层（cortex）的大部分配置使它可以吸收信息并把这个信息与之前发生的事情以及大脑从经验中习得的预期进行比较。因为大脑特别擅长预测，它常常可以将并不存在的信息——特别是它期待看见的模式——填补完整。比如通过填补空白，人们可以在从白云到面包的一切事物中看见人脸。我们试图创造像人类一样擅长将模式填补完整的人工智能，甚至可以测量我们的神经元的这种预测能力。当大脑发现事实和它的期待哪怕有一丝一毫的区别时，神经元就会出现一种特别的放电模式。这种模式可以被脑电图（electroencephalogram，简称EEG）读取。当大脑发现“异常”发生，若干毫秒之后，人类头皮上的脑电图电极帽（EEG cap of electrodes）就会显示电压的改变。比如在黑暗中，当我们的臀部没有碰到餐桌边，神经元的电压就会立刻改变。

预测对几乎所有的人类行为都至关重要。我们将对在餐桌旁臀部被撞击的触感与现实中这种感觉的缺失进行对比。但是要知道大脑已经将它认为它将要感知到的记录下来，这非常重要。我们对感官信息的加工非常迅速并受到期待的过滤。当你走过餐桌曾经所在的空间时，你的大脑实际上感觉到了餐桌的存在。然后它才发现它所期待和记录下的感觉模式与实际情况不同。想象一下，一个男子的妻子多年来每天6点下班回家。在她去世后，他在6点听见声响，大脑就会自动补充车库门打开的声音。在那个时刻，他的大脑相信他的妻子回来了。然而事实真相会让他再次感到悲伤。

大脑是通过对掌握事件发生时间的神经计算来学习的。加拿大神经科学家唐纳德·赫布（Donald Hebb）有句名言，大意是，“同时放电的神经元是连接到一起的神经元。”这意味着一种感觉（听见声响）与之后发生的事件（妻子回来）引发了上万个神经元的放电。当这些彼此靠近的神经元同时放电时，它们之间的物理连接就更加紧密了。这些神经元也在物理结构上发生了改变。这些连接更紧密的神经元更有可能在将来同时放电。当一段经历不断重复出现，大脑就会每次激发相同的神经元放电，正如“6点的声响”引发“妻子在家”的想法。

逐渐接受你大脑的其他部分报告的妻子已不在人世，因而不可能打开车库的门的信息需要时间。同时，你已经记录下的信息（妻子回来了）和你知道的事实真相（妻子已经去世），这其中的差别会带来强烈的悲伤。有时，悲伤的潮水顷刻漫延，来不及进入意识层面，不知为什么我们就突然泪流满面。因此，所爱之人去世不久，我们会“看见”和“感觉”到他们，这或许并不令人惊奇。所爱之人与我们周围的所有可靠之物紧密相连，我们的大脑会自动将他们填补到我们所接收的信息空白当中。看见和感觉到他们并不奇怪，并非我们出了问题。

另外，我们的预期改变缓慢，因为大脑并不会基于单一事件，甚至也不会基于两个或几个事件而改变整个预期计划。大脑计算某事发生的可能性。无数个日子以来，你每天早晨醒来都看见你的爱人睡在你身边。这是生活的经验。抽象知识，和每个人终究要死的知识一样，与生活经验不同。我们的大脑是基于生活经验建立信任、进行预测的。某天，当你醒来，发现你的爱人不在身边，她已经去世的想法对你来说并不是真实的。对我们的大脑来说，在她去世的第一天、第二天和很多天里，这个消息都是不真实的。我们需要足够多的生活经验来让大脑形成新的预期，而这需要时间。

时间的流逝

大脑认识到我们是否打算学习某个信息。它不会耐心等待，等待我们说："嘿，希瑞"（Hey，Siri），然后再将发生的事情编码。大脑不断地将来自我们所有感官的信息记录在案，将庞大的各种可能性储存下来，并关注事件之间的联系和可比性。通常我们并不能清晰地意识到这些感觉或联系。这种无心学习有优点，也有缺点。因为这种学习和我们的目的无关，大脑学习的是世界中的真实可能性，即使我们忽略了这种可能性，或者并没有有意识地注意到它们。你的大脑日复一日不断注意到爱人已不在人世的事实，并且利用这一信息对他们明天是否会存在重新预测。这就是我们为什么说时间能治愈悲伤。但实际上治愈悲伤的并不是时间，而是经验。假设你因丧夫之痛在一个月的时间里处于昏迷状态，苏醒后，你很难学会该如何在丈夫死后生活。但是如果你在一个月的时间里继续日常生活，那么即使你没有做任何被认为是"悲痛万分"的事情，一个月后，你依然学到了很多。比如你会认识到你的丈夫已经31次错过了与你共进早餐。当你想讲一个笑话，你没有打电话给丈夫，而是打给了你最好的朋友。洗完衣服，你没有再把袜子放进他的抽屉。

所以，大脑使用虚拟地图帮助我们四处走动，找到食物。我们或许已经学会利用这种地图来帮助我们追踪我们所爱之人。当我们的爱人去世，我们的大脑一开始不能理解我们用来定位爱人的时空维度已不再存在。我们会寻找他们，并且感觉这样做有点疯狂。如果我们感觉我们知道他们所处的地方，即使这个地方是天堂那样抽象的所在，我们只需要把我们的虚拟地图稍作更新，使它包含我们从没有去过的时空，就会倍感欣慰。更新也包括改变我们的预期算法，学习不再用所爱之人的形象、声音和感觉来填补空白这一痛苦的领悟。

请记住，大脑学习一切事物都不是一蹴而就的。正如不经过日积月累的乘法运算表和微分方程练习，你不可能实现从算术向微积分的跨越。同样，你也不能让自己一夜之间就接受所爱之人已不在人世的事实。但是你可以让你的大脑日复一日地获取新经验，以此来更新大脑中那层小小的灰色计算机。将我们周围发生的一切吸收进来，更新我们的虚拟地图和大脑对将要发生的事情的预期，这是在面对巨大丧失之感时保持韧性的良好开端。

第2章　寻找亲密感

孩童时期，我们会对照顾我们的人产生强烈的依恋，并完全依赖他们，因此理解了在亲密关系中我们所扮演的角色。我们意识到，我们的一些行为会让爸爸抓狂。而当他抓狂时，我们不喜欢那种和他不再亲近的感觉。最终，我们学会了从爸爸的视角来看待我们的行为，并且知道，如果我们在墙上乱涂乱画，他在发现手握蜡笔的我们时，就不会一把搂住并拥抱我们了。我们了解到，我们的行为会对亲密感 / 远近关系产生影响。另一方面，我们也发现，不管我们在特定场合下感觉如何，依恋和亲密感一直存在。尽管爸爸对我们在墙上乱涂乱画感到生气，他还是会把在大马路上玩耍的我们从加速行驶的卡车面前救出。如果我们在拿到驾照后开父母的车，发生了交通事故，他们或许会令人惊讶地忽略我们所造成的破坏，只为我们毫发无损而感到欣慰和感激。至少在安全的关系中，这种基于依恋的亲密感通常超越他们对我们一时一事的情感。亲密感在一定程度上是为我们所控制的。我们学习该如何保持和培育这种亲密感，也信赖爱我们的人会维持这种亲密感。

亲密感是此地（空间）和此时（时间）之外，我们“定位”我们所爱之人的第3个维度。我把亲密感看成第3个维度，因为我相信大脑理解亲密感的方式与它理解时间和空间的方式是非常类似的。心理学家们也把这种亲密感称作“心理距离”（psychological distance）。想象这一概念最容易的方式是回答这一问题，“你和你的姐妹亲密吗？”心理学家亚瑟·阿伦（Arthur Aron）曾经用两个圆圈的相交程度代表你和你所爱之人的亲密感。他称之为“自我对他人包容程度等级图”（如图2-1所示），我觉得该图是对科学的诗意描述。

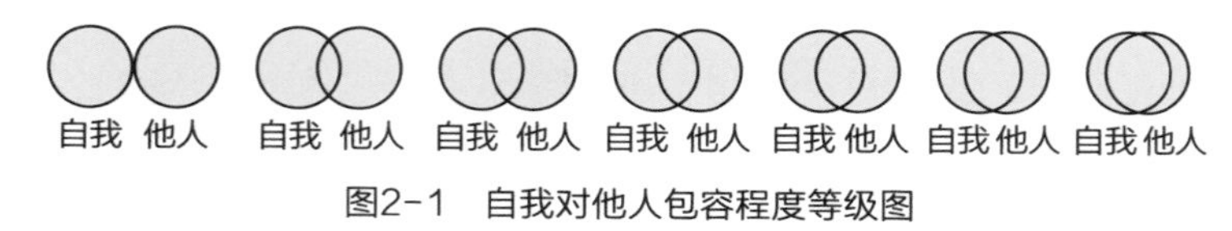

图2-1　自我对他人包容程度等级图

图形的一端，两个圆圈相邻而居，只有一点相交。另一端，两个圆圈几乎完全重合，只有外边缘处的小新月形显示出这是两个不同的个体。图形的中间，两个圆圈几乎一半相交。人们可以选择最能反映他们关系的圆圈组合，来可靠地表示他们和爱人之间的亲密感。在重叠的圆圈图形中，我最好的朋友和我之间不重叠的部分是非常小的。在亲密维度的另一极，心理距离则非常明显。在一个满是家庭成员的屋子里，你也有可能感到自己身处陌生的星球，没有与他人分享的兴趣，也不相信别人会理解你。

陪伴左右

亲密感和时空一样都是一种维度。就像我们会用时间和空间来预测我们会在何时何地再见到我们的妻子和丈夫一样，我们也会用亲密感来预测他们会不会“陪伴我们左右”。在亲密感维度的一端，我和伴侣晚上回到家中，我很肯定地知道我将能够依偎进他的臂弯，一天的烦恼一扫而空。反过来说，如果我们关系不佳，我能想到的最好局面就是我们会出于习惯，一起坐在沙发上看电视。如果我们最近在吵架，我或许会对他不理不睬，甚至大皱眉头，下意识地发出不要靠近的警告。

由于亲密感是一个我们用来“定位”我们和所爱之人关系的衡量标准，当爱人去世，这一维度消失，大脑会努力理解这一新情况。在时空方面，如果我们的爱人不在现场，大脑会认为他们在远方或者会在将来出现。对我们的大脑来说，这些维度不再起作用，我们不再能在此地或此时找到这个人，这实在太令人难以置信了。当我们的爱人去世，我们或许会感到我们的关系不再亲密，但我们的大脑不会相信这种疏离是因为“亲密感”的维度不再起作用。它也许只会认为，这是因为我们的爱人对我们生气了，或者他们去了远方。尽管我们的理智告诉我们，他们不再对我们做出回应，是因为他们无法对我们做出回应，但我们的大脑或许认为我们没有足够努力地找到他们，没有足够热切地祈愿他们回到我们身边。

“鬼影”

亲密感的反面是感到我们爱人的缺席。缺席会拉响我们情感的报警器，反衬出亲密关系带来的平和与安慰。意料之外的缺席会让我们的惊恐加剧。前段时间，我的一个朋友和遥远异地的男子谈起了恋爱。多年前，他们因为在同一个地方共事而相识。我的朋友搬家后，他们依旧通过邮件保持联系。后来，他俩都回归单身，开始谈情说爱，每天互发短信，颇为频繁。突然有一天，他没有任何征兆地停止了回复消息。没有邮件，没有短信，没有解释，完全不知道发生了什么。这个曾经亲密无间的人一夜之间仿佛人间蒸发了。以不加解释地切断所有联系的方式终结一段关系，用我们现代科技社会的术语，可以称之为“鬼影”。

除了对我朋友的痛苦感同身受，我也被她强烈的情感反应深深震撼。之后的几天，当我们谈起这件事，她当然深受打击，泣不成声。愤怒之下，她还给他写了几封邮件，告诉他，她只是想要一个解释，另外，毫无疑问，他的所作所为非常小气。不用说，她花了几个小时去考虑可能发生了什么。是她在不经意间做了什么冒犯他的事，还是他在向她袒露心扉之后感到脆弱，不敢再面对她？

当然，在某个时刻，我们也考虑到另外一种可能性，就是他出意外去世了。尽管后来事实证明并非如此，我还是从中得到了重要的启示。当我们的爱人去世，除了悲伤之外，我们还会产生许多强烈的情感，会感到遗憾、内疚、愤怒，或者所谓的“社会情感”（social emotions）。在潜意识的情感层面，我们或许会感到他们“鬼影”化了，并感到强烈的、驱使我们做些什么的愤怒或内疚之情。这些情感会驱使我们修复与活着的爱人的关系，去道歉，去解决已经产生的问题，或者去告诉别人，我们很难过，请他们对我们做出弥补。但和争吵产生的距离感不同，当爱人去世，我们是没有弥补机会的。

见证朋友经历的痛苦的分手过程让我收获了一个重

要观点。如果你的大脑无法理解死亡这样抽象的事物已经发生，它便无法理解逝者在空间和时间中的位置，也无法理解他们不在此地、此时和与我们亲密的原因。从你的大脑的角度看，"鬼影"正是我们的爱人去世之后发生的事情。对大脑而言，他们并没有死去。他只是没有解释且不再接听我们的电话——完全中断了与我们的交流。爱我们的人怎么会这样做呢？他们突然人间蒸发，这实在令人愤怒，过于小气，难以置信。你的大脑不明白为什么会这样，不明白时间、空间和亲密感的维度为什么会突然消失。如果大脑对我们的爱人感到不再亲密，它不会认为他们不在人世，而只是感觉疏远，而你希望解决这一问题。这一（错误的）信念会带来强烈的情感汇聚。

愤怒

丧亲期间，悲伤或许是我们最容易理解的感情。有人从我们身边被夺走了，不难想象这会带来悲伤。如果你从一个学步孩童手中拿走一个玩具，或者他的母亲离开了，他的小脸会拧成一团，哭得撕心裂肺。这是很好理解的。悲伤不难理解。但是我也发现，我们在悲伤之余的愤怒之情也非常强大，这就有些难以理解了。我们为什么如此愤怒？我们对谁愤怒？有时我们愤怒的对象是逝者。但我们也可能对许多其他人感到愤怒，包括医生，甚至上帝。对后者愤怒的起因与我们对逝者的愤怒并不相同。如果你把玩具从孩童手中拿走，他会对你愤怒地发脾气。当然，有时你会把玩具还给他，因为你看到他有多么难过。但没有人能让逝者死而复生。

无法感受我们逝去的爱人，而是感觉他们在无视我们，这将我们相信的一切变成问题。就像我和我的朋友在她经历“鬼影”后的电话交谈中所说到的那样，我们设想了无数可能的情况。这为什么会发生？我们本来可以避免它发生吗？悲伤之人常常浮想联翩，没完没了，这让他们筋疲力尽。我曾听到有人将它称为“本来想、本来能、本来应”的怪圈（“would've could've should've” loop）。

悲伤期间，我们感到悲伤或愤怒并不仅仅是对某事的反应，比如玩具被别人拿走了。有时我们悲伤或愤怒的对象是我们自己，因为我们“没能”在亲密感的维度里将我们所爱的人留住。从各个方面来看，我们的失败或者他们的失败都令人难过。我们的大脑相信是那个人突然鬼影化了。这种理解问题的方式并不需要符合逻辑。我们知道，因为一个人的去世而对他感到生气是可笑的，也知道，为没能留住他们而对我们自己生气是无用的，但我们还是会感到愤怒。正如我们的大脑有时会认为我们死去的爱人还在人世，我们会去寻找他们一样，大脑也会认为我们能够通过修复与他们的关系，让他们死而复生。

大脑中存在亲密之维的证据

心理学家和神经科学家一直在研究此地、此时和亲密感的不同计量标准是如何在大脑中进行编码的。2010年，以色列特拉维夫大学心理学家雅各布·特罗普（Yaacov Trope）和尼拉·利伯曼（Nira Liberman）提出的一种理论被称为解释水平理论（construal level theory）。这种理论声称，当其他人不在一个人的现实生活中存在，他们缺席的理由可以有数种。这些理由包括距离、时间和社会亲密感。关于他们在哪里或可能在哪里，我们会形成抽象的观念，或者叫解释（construal）。因此，即使我们没有通过感官来体验某个物体或人，我们仍然可以用预测、记忆和猜想来想象。这些头脑中的再现方式与当下的情境无关。

解释水平理论也提示我们，某物或某人缺席的原因可能存在于不同维度（距离、时间和亲密感），正如我们一直用这些维度追踪我们所爱之人一样。因为我们的头脑对于我们的父母或配偶的再现通常包括他们与我们在心理上的亲密这一维度，我们可以利用这一知识来进行预测。如果他们不在我们所期待的地方，我们就可以有信心预测，他们会给我们打电话或者回家。我们对那些和我们不那么亲密的人则不会做此预测。我们不会期待公司老板在我们休假时给我们打电话。如果我们有一阵没去我们经常光顾的咖啡馆，也不会期待咖啡馆服务员和我们联系。

解释水平理论提示我们，我们用来编码此地、此时和亲密之维的方式是类似的，甚至我们用来描述这些维度的语言也是可以互换的。比如，我把某物或某人描述为“很远”，那么我既可以指该物在时间上遥远（预约时间还早），或者在空间上遥远（球在场地的远处），也可以指该人与群体中的其他人在心理上很疏远，或者关系不密切（那个我们今天遇见的男子看上去很疏远）。

21 世纪头十年以来的一些神经成像研究证明，大脑中可能存在一个将不同类别的维度以相似的方式进行计算的区域。为了展现这一点，研究者在被试观看照片时对他们的大脑进行磁共振成像扫描。一组照片显示处于球道中不同位置的保龄球。另一组照片显示用来描述不同时间的词语，比如“几秒钟后”和“几年以后”。最后一组照片上是被试的亲密伙伴和一般熟人。被试观看这三组照片当中的每一组后，就这些事物与他们的距离进行判断。令人惊奇的是，用来计算这些“远”“近”不同的照片组合之间区别的是大脑的同一区域。对于大脑区域感兴趣的读者，补充一句，这个区域被称为顶下小叶（Inferior Parietal Lobule，简称 IPL）。这意味着神经元编码不同的距离，而大脑在计算他人与自我在时间、空间和心理亲密感方面的距离时，使用的是同样的规则。也许你会认为，大脑用不同的区域来计算时间、空间和心理亲密感的距离会更加合理。但显然对于大脑来说，用同一个计算区域再现不同类别的距离是更加有效的方式，因为它们使用同一个衡量标准。

神经科学家丽塔·塔瓦尔（Rita Tavares）和丹尼拉·席勒（Daniela Schiller）所做的另一个令人着迷而且非常聪明的神经成像研究观察了心理距离被大脑编码的方式。在一些被试玩“选择你的冒险”（choose-your-own-adventure）[㊀]的游戏时，塔瓦尔扫描了他们的大脑。或许你还记得小时候读那些“选择你的冒险”的书籍的经验。作为主角，你得在一系列有限的选项中，选择在接下来的故事中如何去做，然后将书翻到你选择的那一页，让

㊀ 一种角色扮演游戏。

故事继续。在塔瓦尔的研究中，每一个大脑被扫描的被试都扮演了主角的角色。在一个场景中，新伙伴奥利娃（Olivia）提议你冒险开车。你可以选择驾驶员的座位，听她指令。你也可以选择不相信她的指令，而你也不太熟悉路况，因此提议由她开车。在另一个例子当中，奥利娃给你一个拥抱。你可以根据你俩在故事中的亲密程度，选择在她肩上拍一下，或者给她一个长长的拥抱。

在研究中，接受大脑扫描的被试与游戏中其他人物的心理亲密感这一维度得到测算并量化处理。在扫描过程中，亲密感水平发生了变化。导致这种变化的是被扫描的人所做的决定。然后研究者利用几何学计算出在整个游戏过程中被试对每一个人物亲密感的变化。随着被试与另一个人物的关系变得更加紧密，研究者能够计算出他们的心理距离缩短了多少。令人惊奇的是，研究结果证明了科学家的预判。大脑的一部分一直在追踪哪些人物成为被试的“圈内人”，或者在游戏结束时，“提升了他们在公司的阶层”，超越了他们原先的地位。测量我们和另一个人之间亲密感的大脑区域是后扣带皮层（Posterior Cingulate Cortex，简称PCC），关于这一区域，我将在第 4 章中详加阐述。换句话说，被试和其他人之间的心理距离是以神经激活模式的方式在后扣带皮层被编码的。另外，海马体追踪这一人物在社会空间的最终“位置”，使用的是海马体进行社会导航的独特能力，就像它为空间导航制图一样。令人吃惊的是，在抽象空间中，我们有一个追踪与他人亲密度的神经地图。

这一研究表明，我们与所爱之人看似变动不居的亲密感存在于我们大脑真实的物理性器件当中。我们与他人亲密感的变化产生于后扣带皮层，并通过意识为我们知晓。后扣带皮层就像一个智能分析师，吸收大脑的感官因素从世界获得的成百上千的信息片段。它持续不断地对我们与他人的亲密感调查结果做出调整，在我们与他人感到更亲密时缩短这一距离，在我们感到更疏远时延长这一距离。在我们所爱之人去世后的一段时间内，我想大脑接收到的信息一定是混乱的。有时，我们与死去的爱人的亲密感是如此真切，就好像他们此时此地就在同一个屋子里一样。但有时，这种联系又似乎消失了——不是比过去更长或者更短，而是完全从我们的生活中消失了。

亲密感与持续性联结

你与所爱之人的亲密感会在他们死后经历巨变。这种变化在不同的人身上会表现出不同的形式，因为我们的每一段关系都是独特的。哥伦比亚大学的精神科专家凯西·希尔（Kathy Shear）说，“爱人死后，悲伤就是爱的形式。”许多文化都强调，放弃与所爱之人的联结是他们面对现实的一部分。一些文化则强调丧亲者应该继续保持和所爱之人的关系，与他们交流，甚至通过一些仪式将逝者转化成一个祖先式的持续存在。精神科学把这些称为“持续性联结”。对每一段关系而言，这种联结都是独特的。在我们的研究中，访谈对象慷慨地将他们与爱人的亲密瞬间与我们分享。一个例子来自一位丧偶的年轻女性。她和去世的丈夫对音乐有着共同的爱好，而她也在她所听到的歌声中感到与丈夫的持续性联结。她回忆起一天下午开车回家的路上，广播里播放的每一首歌曲似乎都神奇地和她的丈夫有关。想到丈夫是她回家路上的 DJ，她不禁大笑起来，为他们的持续性联结倍感安慰。

曾经一个时期，西方的临床医生相信，持续性联结是尚未了结的悲伤的象征，只有切断与逝者的内在对话的联结，我们才能与活着的爱人建立更强大的联结。但更多最近的研究表明，内在关系千差万别，许多人还是可以通过与逝者保持联结来调试自我的。一位寡妇曾经对我说，当她和她十几岁的儿子交谈时，她感觉她逝去的丈夫帮助她找到了合适的语言来教育儿子。另一位女性告诉我，她曾与已逝的丈夫写信，问他她该怎么办。持续性联结可能还包括实现逝者的愿望或延续他们的价值观。目前，尚无研究证实这些持续性联结的亲密感是否能在大脑中被“制图”。或许将来，关于“持续性联结”这种亲密感类型是如何在神经层面运作的，我们将会有答案。

依恋联结

依恋联结，因此也是持续性联结，是激励我们寻找我们的爱人，从他们的存在中获取安慰的无形绳索。坠入爱河时，我们与我们的伴侣形成的就是这样的联结。我们大脑和身体中的神经化学反应（neurochemistry）刺激了恋爱感觉的产生，并且为这种感觉所强化。坠入爱河或者与另一个人进入长期关系，其实也就是将我们的身份重叠的过程。他人成为自我的一部分，我们成为重叠的圆圈。

你甚至会把这一过程理解成资源的合并，我们会感觉我的也是你的，你的就是我的。伴侣等联结所具有的持续本质将依恋关系与交易关系区别开来。在我们与同事或熟人等对象的交易关系中，我们会在意我们是否比他们在这段关系中投入了更多的精力、时间、金钱和资源，以及我们从这段关系中得到了什么。而在依恋关系中，双方都会在彼此最需要的时候得到帮助。比如，在一方生病的时候给予其支持和照顾，在有疑虑时选择信任对方或维护对方的声誉。在健康而又相互的关系中，我们做这些事并非因为会从中获得同等的回报，而是因为这样做是爱和关心的表达。实际上，我们知道，提供无私的支持，不仅对接受者也对提供者具有健康方面的益处。

当两个人在一起生活了很长时间，谁拥有沙发就不再是一个问题，这是资源合并的一个具体例子。我所指的并不仅是物品方面的资源合并。我们会感到其他方面的重叠。比如，我们不一定记得是谁先想出了一起去旅行的主意，只记得这是一段我们都很享受的经历。再比如，多年后回忆起来，我们甚至会记不清是谁说出了一句特别诙谐的话。资源的重叠也是我们身份的重叠。“我们”变得比“你”和“我”更加重要。坠入爱河伴随着这些资源的急剧扩张（expansion），尽管我们可能不会有意识地这样描述爱情。扩张是一种愉悦而兴奋的感情。同样，当我们失去了一个人，也会产生同样强烈而负面的收缩之感（contraction）。在失去了另外一个人之后，你可能会怀疑现在你是谁，人生的目的何在。如果你的孩子去世了，你还是母亲吗？类似地，你会觉得失去了伴侣，你的生活将无法继续。面对你们过去商量着办的事情，你可能会不知所措。晚上回到家中，你却无法诉说一天的经历，你可能会感到这一天几乎是个空白。

一个满足了我们依恋需求的人代表着我们一部分的身份和在世界中的运转方式，一旦他在我们生活中缺席，焦虑、痛苦和悲伤便由此产生。我们可以观察其他会产生悲伤的情境，发现它们和悲伤的这一定义的共同之处。离婚（或者分手）所带来的丧失之感很显然是非常类似的。无论是退休还是下岗，失去工作都意味着丧失曾经帮助你在现实世界中运转的身份。失去健康或者失去四肢或视力也是如此。虽然我认为悲伤一开始是专门为了应对所爱之人的去世而产生的，然而这些相似的场景亦建立在这一同样的演化了的能力之上。我们发现这一内在体验就是悲伤。

为名人逝世而悲伤

如果悲伤的产生是由于亲密感的丧失，我们为什么会对名人逝世感到如此强烈的悲伤呢？迈克尔·杰克逊（Michael Jackson）在加州大学洛杉矶分校的罗纳德·里根医院逝世，该医院离我当时的办公室只有一个街区之遥。你也许还记得，当时医院人行道上摆满了鲜花、毛绒玩具和卡片。近日，美国男演员查德维克·博斯曼（Chadwick Bosman）英年早逝，也在网上引起哀悼热潮。如果如上文所说，依恋（以及联结的建立）对悲伤的产生至关重要，而人们对他们从来不认识，也从来没有在现实生活中遇到的人的逝世表现出如此深切的哀悼，就有一些违反常识了。

这种类型的悲伤被称为准社会悲伤（parasocial grief）。这种悲伤是非常真实的；人们为名人逝世感到悲伤绝不是特例。人们是在我们大脑的虚拟现实中再现的，而那些名人可以成为我们的大脑中丰富鲜活的形象。对于名人的生活、信念、友谊和爱情、欢喜和憎恶，我们都有多到惊人的机会可以了解。信息并不一定足以形成依恋联结；但是如果我们想一想依恋的前提是什么，我们和那些著名的音乐家和名人之间的关系仍然可以在某种程度上满足依恋的要求。首先，这个人必须满足我们的依恋需求，也就是说，在我们需要帮助的至暗时刻，他会陪伴左右。谁不曾为逃避痛苦的现实，沉迷于一部由一个优秀演员［对我来说，这个演员是吉莲·安德森（Gilliam Anderson）］所主演的剧中呢？每当我感到孤独、悲伤、难以承受时，都会拿出我最爱歌手专辑的磁带盒，放在随身听里播放。在一种情绪化的状态下和著名人物的神交，再加上舞蹈和一群志同道合的人的尖叫，甚至还有酒精的麻醉作用，这种经历正像建立依恋的过程。

然而，依恋的形成除了需要相信这个人会陪伴我们左右，还有一个要求。这个人一定要特别，与其他人不同，是专属于我们的。迈克尔·杰克逊去世后，一个朋友告诉我，作为 20 世纪 80 年代成长起来的黑人青年，你要么是迈克尔·杰克逊的崇拜者，要么是普林斯（Prince）（与杰克逊同龄的著名美国黑白混血音乐人）的崇拜者。高中学堂的大厅总是充斥着关于谁更优秀的无穷无尽的辩论，但最后你只能属于一个或另一个阵营。我们选择我们所热爱，有认同感的名人，相信他才是最有才华、最性感、最优秀的那个人。我们对音乐家感到亲切——感到可以信赖他们，因为在他们的歌词中，他们说出了其他人没有说出的话。从某种角度说，他们是“你的”。就好像他们也了解我们，因为他们所说的正是我们内心所想，却没有向别人承认的话。他们如果不是那样深深地理解你，怎么会写出那些直入你心的歌词呢？

那位名人的去世不仅是帮助定义我们的那个人的逝去，也是对我们永远无法回去的生命中一段时光的悲伤。这种悲伤非常真切，因为我们感觉失去了自己的一部分。

失去你的一部分

在研究工作中，我常常对丧亲者进行访谈。其中一个访谈问题来自测算人们悲伤程度的心理等级表。我永远无法忘记一位女性对这个问题的回答。我问："你是不是觉得你自己的一部分和你的丈夫一起死去了？"她的眼睛睁得大大的，盯着我看，似乎在说，你怎么知道？她说："正是如此。"

如果心理上的亲密感能让我们感觉与另一个人亲密到重叠在一起，大脑一定接受了这样的信号，并且计算自我和他人的重合度。试想一下，你沿着多车道公路行驶，你行驶在车道的中央。但是这一描述并不完全准确。毕竟，你的身体并非位于车道的正中央，因为那样的话汽车就会在车道偏右的位置。有经验的司机会很快学会把他们的身体"延展"，使之驾驭整个汽车。我们会感觉我们在车道的中央行驶，但实际上，处在车道中央的是我们的车，而我们的身体是稍微偏左的，尽管我们并不能有意识地感觉到这一点。汽车和我们的身体重叠了。当我们有这样的体验时，大脑也在计算这种重叠度。

为丧失亲友而悲伤的人常说，他们好像失去了自己的一部分，就好像幻肢（phantom limb）现象一样。许多被截肢的人都会产生幻肢的感觉。比如，虽然他们的臂膀已经不在了，他们还是会感到臂膀上的痒。幻肢曾经被认为完全是一种心理现象，但是研究表明这些感觉实际上是神经活动。研究者认为，包含了我们身体地图的大脑区域不再能够对边缘的神经感觉做出回应，因此，尽管在幻肢中已经没有感觉神经在发出信号，大脑地图却还没有重新“排线”，没有更新到把那部分的身体排除在外，所以那部分的身体感觉依然存在，而且常常痛苦。

我们随着所爱之人的去世也失去了一部分的自己——我们可能会觉得这种说法只是一种隐喻，但正如我们所看到的，对所爱之人的再现编码在我们的神经元中。正像幻肢现象所显示的，对我们身体的再现也编码在我们的神经元中。这些对自我和他人的再现，这种亲密感是作为我们大脑中的一个维度被“制图”的，因此悲伤的过程不仅仅是心理或者隐喻上的变化，它需要神经的重新“排线”。

镜像神经元

自我和他人神经编码的重叠是亲密关系的一个证据。这一证据得到了另一组科学研究的证实。根据研究设计，镜像神经元在我们自己的行为和某个他人行为出现时都会被激活，这也是这一神经元名称的由来。20 世纪 90 年代，人们在大脑皮层的前运动区（premotor region）发现了这种神经元，尽管在大脑的其他区域，人们也发现了这种神经元。在模仿行为中，我们可以发现这种自我和他人神经激活模式的重叠。假如你向一只猴子展示你的手正在做的事情——比如抓香蕉——那么，它大脑中一些同样的神经元就会在观察你抓香蕉时被激活，就像它自己抓香蕉时一样。换句话说，在我们做某个行为时被激活的神经元也会在我们间接观察另一个人做同样行为时被激活。

尽管人们对镜像神经元兴趣广泛，但神经成像技术的精度还无法检测出人类大脑中的单个镜像神经元。在神经成像研究中，我们观察大脑区域或者神经元集群，而在猴子当中，我们可以通过侵入性的记录方法检测出单个神经元的激活。尽管如此，已经有一例神经外科病例记录的镜像神经元活动报告。另外，我们有理由相信，猴子和人类这两种联系紧密的灵长目动物神经系统的运作方式不可能没有共同之处。

无论我们和另一个人有多么亲密，我们还是能够区分出自我和他人。在一项针对灵长类动物的研究中，两个猴子各自拿着自己的香蕉。请想象一下，再现猴子 #1

大脑的文氏图[㊀]。左边的圆圈代表着猴子 #1 想到自己拿香蕉时大脑中被激活的神经元。右边的圆圈代表着猴子 #1 想到猴子 #2 拿着它自己的香蕉时大脑中被激活的神经元。这两个圆圈有一小部分是重叠的。这意味着有一些同样的神经元是在猴子 #1 想到它自己拿着香蕉和猴子 #1 想到猴子 #2 做同样的事时都被激活的。这就意味着猴子 #1 能够区分自我和他者，而重叠的神经元是重叠的身份以及共同的经历的证据。这也正是我们在人与人之间发现的亲密关系类型。

共情的关怀

神经机制（neural machinery）使我们能够对另一个人产生亲密感，而这一机制也包括做他人行为的镜像，即我们能感受他人的行为，就好像自己在完成这些行为一样。我用这个神经科学的发现解释了我们是如何感觉与所爱之人发生重叠的，以及当那个人去世后会发生什

㊀ 在所谓的集合论（或者类的理论）数学分支中，在不太严格的意义下用以表示集合（或类）的一种草图。它们用于展示在不同的事物群组（集合）之间的数学或逻辑联系，尤其适合用来表示集合（或类）之间的“大致关系”，它也常常被用来帮助推导（或理解推导过程）关于集合运算（或类运算）的一些规律。1881年由英国的哲学家和数学家John Venn 发明。

么。我们也可以用它来解释“临近悲伤”的现象，也就是当我们身边的某个人正经历悲伤，我们会做何感觉。当我们的朋友正经历悲伤，在他们学着适应他们自己的一部分已经不在的感觉时，我们也会深受影响。

悲伤的传染性之强也许会令你惊讶。我们可以通过模仿来体验别人所经历的情感。科学通过调查人们的眼睛来证明这一点。我们常说眼睛是他人情感状态的窗户，如果不是灵魂的窗户的话。在英国精神病学家雨果·克里奇利（Hugo Critchley）和尼尔·哈里森（Neil Harrison）所做的一项研究当中，他们给学生志愿者展示了带有快乐、伤心和愤怒等不同表情的人脸图片。尽管学生们并不知情，这些图片中眼睛的瞳孔大小经过了数字化处理（在现实的生物学限度内），大小不一。学生们反映，瞳孔小的人脸上的悲伤表情更加强烈。这项研究更重要的发现是，瞳孔大小的不同对学生自己的悲伤强度有很大的影响。那些对眼睛大小区别更敏感的学生，也有更强的同理心。瞳孔计显示，图片上悲伤人脸的瞳孔收缩越大，学生自己的瞳孔也收缩越大。被观察者的瞳孔可以影响到观察者的情感体验和生理机能，诸如此类的情感传染现象可以在观察者并没有清晰地意识到时发生。学生们并不知道他们自己的瞳孔大小在面对不同的照片时发生了改变。我们似乎天生会被我们身边的人所影响，敏感于他们所传递的感情信号。我们天生具有建立亲密感的神经基质。

情感传染现象可以是坏事。就像如果只有镜像神经元，猴子不知道究竟是谁抓着香蕉，感受我们身边每一个人的感受会让人难以承受，甚至迫使我们与他们远离，如果他们感到悲伤或者愤怒的话。然而，现在科学家们在共情（empathy）与同情（compassion）之间做出区分。同情的定义，除了包括对他人的感受敏感之外，还包括具有关怀他人的动力。正如芝加哥大学神经科学家简·德塞特（Jean Decety）所言，实际上共情有三个方面，它们是认知上的换位思考（cognitive perspective taking）、情感上的共情（emotional empathy）以及同情。

共情的认知方面是能够不受自己的感情影响，换位思考的能力。如果你和一个人面对面坐着，你知道他们无法看到你所能看到的他们身后的场景。因为你能从他们的角度考虑问题，就会理解，如果你们共同的熟人走进房间，对面的人是无法知道这一点的。你得告诉他这个人来了。换位思考的能力是共情认知方面的例子。另一方面，情感上的共情是指能够感受他人的感受。比如，你和你的朋友都是某个晋升机会的候选人，而你获得了晋升，你可以站在你朋友的角度，感受他们的失望，尽管他们也会为你感到高兴。而同情或者关爱是超越共情的。它是当你站在他人的角度，知道他的感受时，去帮助或安慰他的动力。

当丧亲者失去了此地、此时和亲密感之维，他们的情感或许很强烈，也可能他们会觉得麻木。来自一个临近的悲伤朋友的同情不会填补他们逝去的爱人在他们重叠的“我们”意识上所造成的空洞，但是当你的朋友开始重塑生活，这种同情会在空洞的四周提供支撑。这种同情至少会帮助她穿越那被打翻了的生活所带来的混乱之感，而这也是我们下面要探讨的话题。

第3章　相信神奇的思想

几年前，我的一个年长的同事去世了，我和他的遗孀在之后的几个月里在一起待了一段时间。他是一个很著名的睡眠研究者，经常出差参加学术会议。有一天晚餐时，她摇了摇头跟我说，她并不觉得丈夫去世了，他好像只是出去开会了，会在任何时候再次踏进家门。我们经常在那些失去亲人的人口中听到类似的表述。这些人并不是产生了错觉；他们同时也知道真相。他们并不是在情感上受了惊吓，无法接受丧亲的现实，他们也并不否认丧亲的事实。另一个有名的例子来自琼·迪迪翁（Joan Didion）的著作《神奇思想之年》（*The Year of Magical Thinking*），在书中她解释了她不愿扔掉已经去世的丈夫的鞋子，因为“他可能还需要它们”。我们为什么会相信我们的爱人会回来，尽管知道这不可能？我们可以在我们大脑的神经系统中找到这一悖论的答案，神经系统产生不同方面的知识，并把这些知识传递给我们的意识。

如果我们的爱人不在了，我们的大脑会假设他们去了远方，以后还会回来。这个人已经从这个多维度的世界缺席，这个世界不再有此地、此时和亲密感的维度，这样的观念对我们来说是不符合逻辑的。关于我们为什么想要找到他们，我将在第 5 章从神经生物学的角度加以阐释。而在本章，我们要考虑的问题是我们为什么相信我们将找到他们。

演化的贡献

心理学家约翰·阿彻（John Archer）在《悲伤的本质》（*The Nature of Grief*）一书中指出，演化给我们提供了强大的动力，去相信我们的爱人会回来，尽管并没有他们会回来的证据。在人类生存的早期，那些坚持相信他们的配偶会带着食物回来的人会和他们的孩子待在一起，这些父母的孩子就有更多的机会生存下来。我们在动物世界也发现了这样的现象。在 2005 年问世的法国自然纪录片《帝企鹅日记》（*March of the Penguins*）当中，我们看到一只帝企鹅爸爸在环境恶劣的南极地区孵化它的蛋，企鹅妈妈则在冰雪覆盖的海面上搜寻食物。企鹅爸爸能4个月不吃不喝，守护着它的蛋，有一个重要的理由：等待伴侣捕鱼回来。

在南极洲漫长的等待过程中，帝企鹅爸爸必须相信，伴侣会带着食物返回。如果一位父亲认为它的伴侣将不再回来，然后去海里捕鱼，那么它的蛋将无法孵化，它的幼崽也会死去。那些相信它们的伴侣会回来并且愿意等待的企鹅往往要成功得多。在纪录片当中我们看到，返回的企鹅妈妈在成千上万的企鹅中，通过辨认它的伴侣的独特叫声，发现了它的伴侣。这是一个惊人的故事，主人公打败了似乎不计其数的困难。

是什么使留守的父亲能够一连数月不吃不喝，坚持孵蛋？是怎样的依恋机制创造了它们夫妻之间无形的绳索？企鹅父母之间建立的依恋关系是非常强大的。早些时候，这对企鹅情侣脖颈相交，互诉衷肠。它们的大脑也在这一过程中经历了生理机能的巨大转变。一只企鹅的神经元把关于对方的记忆刻印下来，给这些神经元加上标记，这样它就很难忘记对方的相貌、气味和声音了。在它的头脑中，伴侣的形象从一只可以辨识的企鹅变成了这一只特别重要的企鹅。在两只企鹅分开，一只独自孵蛋的时间里，关于对方的记忆不是一般的记忆，而是和一个特定信念或者驱动力相联的记忆——“等待这一只的返回，这一只是特别的，这一只属于你。”人类的大脑也是一样。正因为所爱之人的存在，你大脑中的一些神经元才会同时放电，一些蛋白质才会以特定的方式折叠在你的大脑中。因为你的爱人活过，你们爱过，当这个人在外在世界不再真实存在时，他仍然在你大脑的神经元网络中真实存在。

灵长目动物的悲伤

关于当动物们坚信它们的伴侣会返回时会发生什么，《帝企鹅日记》提供了生动而又有用的例证。尽管如此，一部影片并不能构成科学依据的基础。毕竟，我们不是企鹅的后代。观察演化证据的另一个方法是观察那些和我们有着共同祖先的动物的行为。黑猩猩是人类最亲近的亲缘物种，因为我们都来自共同的无尾猿祖先。

世界上一些黑猩猩社群已经成为科学观察的对象，包括珍妮·古道尔（Jane Goodall）记录的坦桑尼亚贡贝河国家公园（Gombe Stream National Park）的著名黑猩猩以及京都大学灵长目动物研究院（Kyoto University Primate Research Institute）研究的几内亚博苏（Bossou）黑猩猩。这些高度演化的黑猩猩（也包括猿猴和猴子）妈妈们，在它们的幼崽去世之后会一连数日抱着它们死去的孩子，并且给它们梳理毛发，这样持续数日、一个月甚至两个月。这一现象已经被记录多次，其中包括对黑猩猩姓名、时间、地点和方式的详细观察。一位名叫马西亚（Masya）的黑猩猩妈妈连续三天怀抱着它死去的幼崽，还经常深情地看着孩子的脸。它小心地怀抱着这个失去生命的幼崽，像往常一样给它梳理毛发，即使这样做会让它自己的觅食和走动变得困难。怀抱幼崽这样的动作对于黑猩猩妈妈来说其实是少见的，因为通常黑猩猩的幼崽会张开双臂缠绕它们母亲的脖颈，这样它们的母亲可以腾出手来做其他事情。马西亚从来也没有试着给它的孩子喂奶，这说明它知道孩子已经不在人世。这段时间，马西亚不再和其他黑猩猩互动，也不再梳理自己的毛发。出于社群对专注于自己幼崽的母亲的关心，其他黑猩猩开始为马西亚梳理毛发。渐渐地，它从一开始的与死去幼崽的持续接触和对幼崽的保护，转变为最终可以永远离开幼崽尸体。与此相反，当黑猩猩幼崽死于一种有可能会传染的疾病时，研究者在4天之后将尸体挪开。之后黑猩猩妈妈一直寻找它的孩子，边找边发出悲伤的声音。这种行为在黑猩猩妈妈可以按照自己的节奏与它死去的幼崽告别时是没有见到的。

通过和幼崽尸体的数日相处，黑猩猩妈妈以确信无疑的方式经历了幼崽的死亡。依恋所创造的信念，即这一个特别的个体将永远陪伴我们左右的神奇思想，被黑猩猩妈妈自己的经验所证伪。人类的文化事件如葬礼、守夜、纪念仪式等可能也是为了实现类似的目的。为纪念仪式做准备的过程包括给家人、朋友打电话，向他们公布死讯并接受他们的吊唁。我记得父亲去世后的那天早晨我醒来后，发现餐桌上摆放着姐姐为父亲的纪念仪式所准备的几瓶花束。我可以感到，准备花束的过程，选择花瓶和彩带所花费的时间是姐姐接受失去父亲这一事实的组成部分。当亲朋好友长途跋涉，穿上葬礼服装，聚在一起，给我们送上拥抱、微笑和关爱——所有这一切都将此刻标记为不同，而此刻也在我们的记忆中刻印下死亡这一事实。在很多葬礼上，我们都能看见我们的爱人躺卧其中的灵柩或盛放他们骨灰的瓮，这些从物理上证明了他们的身体已不再是我们所爱的灵魂的容器。社群通过详尽明确的行为，承认了逝者的离开。丧亲之人也随之由半信半疑变得更加确信。此后当我们回忆起葬礼，这些记忆将帮助我们放弃自己那些神奇的思想；尽管这很难相信，但纪念仪式其实证明了其他人和我们一样，重新认识到我们的所爱之人已经不在人世。

记忆

如果我们认真对待丧亲之人的言论，那么大脑可以同时相信两种互相排斥的观念。一方面，我们清楚地知道，爱人已经死去，另一方面，我们同时保留他们仍将返回这一神奇的思想。当所爱之人去世，我们保留听到他们去世消息的记忆。这一记忆或许是接到告诉你哥哥死讯的电话，事发当时的无数细节被刻印到你的脑子里——你在餐厅里的位置，你所烹饪的食物，屋子里的温度，洋葱的气味。这些我们可以称之为情景记忆（episodic memories）——关于特定事件的记忆。

或许你会因为死亡发生时你身在何处而记起那个人的死亡。我的父亲于 2015 年的夏天去世，当时我、姐姐和一位家庭好友正轮流在医院病房夜间陪护他。父亲自己选择了那间临终关怀病房。那天晚上，我和他道了晚安，尽管他已经不能回应了。我在病房的小沙发上睡了几个小时。夜间，我带着一种敬畏的感觉醒来，在过去的那几天里，我常常有这种感觉（同时还有精疲力竭、难以为继的感觉）。我看了父亲一眼，然后决定出去散步，怀着那种仰望蒙大拿乡村夜晚灿烂星空时的敬畏之感。如果你也曾远离尘嚣，远离都市的霓虹，你就会知道夜空中有如此多的星星，就好像夜空中洒满了沙子一样。我绕着医院走了一圈，想给医护人员和访客留出伸展腿脚的空间。我回到房间，父亲仍然在非常、非常迟缓地呼吸。我想，他的生命竟能被如此微弱的呼吸所延续，真是令人惊奇。我再次入睡。凌晨时分，护士靠近我，拍了拍我的肩。“我想他已经走了，”她说。我来到父亲的床前，他如此安详，如此瘦小，看上去既像一个婴儿，又像一个老人。他看上去和几小时前一模一样，只不过从一息尚存变成停止了呼吸。

父亲的死亡于我是特别平静而又充满敬畏的经历。我被周围所爱之人和悉心照料的医护人员所安慰。回忆起来，我可以真正集中注意力于正在发生的一切。通常，我觉得非常平静，虽然也非常悲伤。我认为自己是特别幸运的，因为父亲所经历的可以被称为一场善终。这和我的父亲受到临终关怀有关，关怀设计者最知道该如何创造善终的条件。很多人的死亡却并非如此。许多人在他们的爱人去世时经历了害怕、恐惧、痛苦、无助或极端的愤怒等情感，尤其是如果死亡发生在充满暴力或恐怖的环境中，死于事故或是急救。新冠肺炎疫情期间，许多人住院后无法和他们的爱人在一起，死亡时也没有爱人守在床边。缺少了告别，缺少了表达爱意、感激或宽恕的机会，缺少了目睹我们所爱之人身体衰弱和死亡的记忆，他们死亡的“真实性”会带上不确定色彩。研究表明，当我们的家庭成员在一场政治斗争、飞行事故或战争冲突中失踪，且有可能死亡，由此产生的不确定性会让我们的悲伤过程更加复杂。一个理由或许是我们大脑的一部分神经网络让我们相信我们所爱之人并没有真正离开，而缺少了记忆中对他们衰老或死亡的强大证据，重新理解这一事实或许需要更长的时间，也会造成更大的悲伤。

习惯

记忆是特别复杂的。幸运的是，记忆也是许多神经科学家和认知心理学家长期研究的领域。对于它在头脑中的运作方式，我们所知甚多。大脑不同于便携式摄录一体机，将每一天的每一个时刻都记录下来，永久储存。我们可以很容易地这样想象：记忆就像一个储存在文件夹中的视频，当我们记起某事，大脑就会打开并播放这个视频。实际上，记忆工作的方式更像准备一顿饭。我们记忆的配料是被储存和分布在大脑的各个区域的。当我们想起一件事，这些配料就会被聚拢起来，混杂在一起：五花八门的视觉、声音和气味，我们当时的那种感受，和某些人的联系以及观察不同场景的视角。这些混合的记忆就会成为我们对过去某一事件的合成体验，就像蛋糕看上去像一个单独的实体，而事实上是面粉、糖和鸡蛋的混合。然而，蛋糕也可能是巧克力或香草味的，而仍然是蛋糕。与此类似，我们想起一段记忆时，心情的好坏会影响我们囊括进这一版记忆的配料成分，使我们的回忆更加鲜亮多彩，或者苦乐参半。有时当我想起父亲的死，我的主导记忆不是我所感到的惊叹，而是我的疲惫。我并不完全确信护士到底是用手拍了我的肩还是仅仅口头叫我起床，但这一情景记忆在我大脑中展开时还是清晰可辨的。

记忆使我们可以从经历的情景中学习，而像所爱之人的死这样重大的事件很可能会在我们大脑的数据库中被置于优先位置。可以把这一情景记忆理解成一种类别的知识，关于特定事件或者时刻的知识，由于它在你人生中的重要性而被大脑所接触。

写出了《纳尼亚传奇》（*The Chronicles of Narnia*）的作家刘易斯（C.S. Lewis）在爱妻大卫德曼（Joy Davidman）死后写了一本既悲伤又深刻的悼亡之作，名为《卿卿如晤》（*A Grief Observed*）。其中，他这样写道：

> 我想我开始理解为什么悲伤和悬念感觉相似。悲伤来自太多已经成为习惯的行动的失效。一个接一个的思想，一种接一种的感情，一场接一场的行动，曾经它们都以“我的妻子”为目标，而现在这个目标不在了。出于习惯，我还是将箭放到弦上，然后惊觉，不得不放下箭。太多的思路通向她……曾经有太多的思路，而现在只剩下太多的死路。

丧亲期间，大脑的一部分工作是不断想起非常重要的情景记忆，比如告知你哥哥死讯的那通电话，或者是医院病床上，父亲不再呼吸的场景。大脑的另一部分则在不断地总结他的缺席所带来的新经验，展开新的预测、新的习惯、新的日常惯例。这两种知识与此刻我们的所爱之人仍在某处，只是不在此地、此时和与我们保持亲密这一神奇的思想形成鲜明反差。

两种互相排斥的思想

人性最残酷的一个方面或许是我们能够同时拥有两种互相排斥的思想——我们的爱人已经去世，同时他们可以再次被找到。在整个过程中，我们的大脑对死去的爱人形成持续的再现，或者在我们大脑的虚拟世界中保留了一个他的化身。在父母哺育孩子或者爱人互相亲密的时刻，这一现象就会出现。由于依恋关系的存在，我们对毕生挚爱的再现天然地让我们深信，这个人的存在是不容置疑的，我们与他们的关系永不终结，可以永远相信此地、此时和我们之间的亲密感。神经联结（neural connections）为我们对所爱之人的大脑再现提供了算法，它们的编码是一劳永逸的。我们相信所爱之人会返回或者被找到。这一内隐知识影响了我们的计划、期待和关于世界的信仰。内隐知识或许就是我们神奇思想的来源。

内隐知识在意识水平之下运作，它影响了我们的信念和行为。如果它在意识的水平之下运作，科学家们是如何知道它的存在的呢？如果一个人没有办法报告他的内隐知识，我们就只能通过这类知识在人们行为中产生的效果来判断。关于产生内隐知识的神经机制，一份有说服力的证据来自神经科学的研究。科学家研究了那些大脑特定区域受损的人。一个名叫鲍斯韦尔（Boswell）的病人由于一场事故，头脑中包含海马体和杏仁核（amygdala）的颞叶（temporal lobe）受损，无法记住任何新发生的事情。这一记忆缺损被称为顺行性记忆缺失（anterograde amnesia），或者叫创造新记忆能力缺失。他再也无法辨认那些在事故发生之后15年内认识的人，即使他与这些人有日常接触。

然而仔细观察他的行为，可以发现鲍斯韦尔依然对周围的人形成了内隐知识。研究者发现，鲍斯韦尔受到一个照顾者的吸引，喜欢他超过其他所有工作人员，尽管他并不能辨认出这位照顾者，也不能告诉研究者这位照顾者的姓名。尽管无法形成他与这位照顾者相识的时间、地点和场景的情景记忆，但他似乎可以利用其他知识，对这位照顾者产生偏好。这位照顾者经常给鲍斯韦尔零食吃，并且对他非常友善。

为了证明鲍斯韦尔尽管大脑受损但依然有内隐知识，两位研究者丹尼尔·特拉内尔（Daniel Tranel）和安东尼奥·达马西奥（Antonio Damasio）创造限制条件，请鲍斯韦尔从事一项特别的学习任务。他们把三位陌生人介绍给鲍斯韦尔。这三个人在接下来的5天里，在不同的时间与鲍斯韦尔互动。我们把他们分别称为好人、坏人和不好不坏的人。好人夸奖鲍斯韦尔，对他友善，给他橡皮糖吃并满足他的任何需求。坏人不说好听的话，让鲍斯韦尔完成繁重的任务，并且不满足他的任何需求。不好不坏的人待他友善，但是公事公办，不对他提任何要求，也不给他任何帮助。他们在第6天测试了鲍斯韦尔对这些人的知识。因为他的大脑损伤，鲍斯韦尔无法在研究者向他展示这些人的照片时，记住或说出他们的名字。但是，研究者向鲍斯韦尔展示了这三个人的合照，外加一个他从未认识的人。研究者问鲍斯韦尔他最喜欢谁，鲍斯韦尔选择那个好人的次数要远超过选那个坏人的次数。更有趣的是，当他们检测他手指上的汗水多少时（汗水是一种本能反应），鲍斯韦尔对好人的生理反应要比对其他人强烈。这说明，尽管鲍斯韦尔无法向研究者报告这些，但他大脑的部分区域存储了对好人的内隐知识。

我们对所爱之人拥有特定的情景记忆（对我们结婚之日的记忆），所爱之人成为我们许多习惯的一部分（他们在特定时间回家，或者与我们在沙发上相依而坐）。我们也对他们拥有内隐知识（相信他们会一直陪伴我们左右，他们对我们非常特别）。这些内隐知识来自我们大脑中的情景知识（episodic knowledge），存储在我们大脑的不同回路里。这意味着我们可以利用关于他们的不同种类的信息，对来自不同神经系统的知识、情感和行为产生影响。当所爱之人去世，随着时间的流逝和经历的增加，我们可以更新我们的一部分知识——知道他们已经不在人世。但是内隐知识的更新要困难得多，因为它产生于与依恋关系相关的信念，这些信念包括我们的爱人可以被找回，我们没有足够努力地寻找他们，以及如果我们更加努力或者表现得更好，他们就会回到我们的身边。因为这类知识与另一条信息流——我们的所爱之人已经去世的知识——相冲突，我们就不太可能去承认这些感情。我把这些相冲突的信息流称为"已去世但未遗忘"的假设（the gone-but-not-forgotten hypothesis）。

语义知识、情景知识和内隐知识都能影响我们理解世界、预测世界和在世界中行动的方式。尽管三者之间可能会互相冲突（比如语义知识和情景知识会告诉我们，我们的爱人已经去世，而内隐知识会坚持说他们没有），但在我们学着与他们的缺席共存时，所有这些知识必须得到更新。

为什么化解悲伤需要时间

我可以在几个星期之内记住一个研讨会上所有学生的姓名，并了解他们的背景，对那些总能答对问题的学生产生感情，辨认出那些好笑或知识面宽的学生，知道那些不喜欢在课堂上踊跃发言的学生，甚至可以把这些知识整合进我们的课堂讨论过程中，向那些害羞的学生提出更简单和基于事实的问题，方便他们说出简单而确定的答案，而向那些愿意大声说出他们理解过程的学生提出更具应用性的问题。这其中涉及编码、牢记和使用大量信息。但是我从来不会认为，这些学生中的一些人会在下个学期的某一天重新出现在我的课堂上。悲伤与此完全不同。悲伤需要更多的时间。“已经去世但未被遗忘”的假设认为，悲伤是和其他种类的学习完全不同的，因为我们相信，我们已逝的爱人会持续存在，这一内隐信念会对我们接受新的现实造成实际的困扰。换句话说，情景记忆和习惯会与依恋感所创造的内隐的神奇思想产生冲突，而这将导致化解悲伤需要更长的时间。我很容易理解上学期的学生将不会出现在我今天的课堂上，因为他们没有理由出现，但是相信所爱之人不在人世却需要时间来理解，而且并不容易，因为他们已经作为我们的爱人被编码进我们的大脑，包括他们存在于此地、此时和与我们关系亲密这样的信息。互相冲突的思想会影响掌握新事实的效果。

如果悲伤就像学习新信息，创造关于世界的新因果联系的预测，或者是为我们的日常活动创造新的习惯那样简单，我就不会期待这个学习过程会需要数月。的确，任何新知识都需要时间和经验来习得，但是对比习得其他类型的知识所需要的时间，我们无法充分解释许多人为悲伤所花费的时间。获得这一新知识需要我们在丧亲阶段保持充分参与生活的意愿。我们会在第 8 章和第 9 章中谈及丧亲后如何在日常生活中保持参与度。

知道我们拥有神奇的思想

悲伤是爱的代价。情感联结给了我们动力，去相信当我们的配偶、孩子或好友离开我们时，这只是暂时的，他们会返回。如果我们真的相信他们每天早上去上学或工作后不会回来，那么我们的人生会变得难以忍受。幸运的是，我们并不常常经历所爱之人的死亡，这一可能性要比他们暂时离开我们小得多。

当我们失去爱人，我们知道这个人已经去世，但同时仍然怀抱着神奇的思想，认为他们会再次走进家门，这是非常常见的。如果我们对这两件事同时信以为真，并且认为这是很正常的，那么神经科学家可能会去寻找同时进行的多种神经过程。我们或许可以从大脑的角度来看问题，人们的这两种思想可以同时存在于大脑中。考虑多种同时存在的思想或许能向我们更清晰地展现大脑功能影响我们悲伤的方式。本人的研究探讨大脑中这些不同类型的知识可能储存的位置。在下面的几章里，我将更详细地讲述大脑如何克服这些互不兼容的思想，使我们重新获得有意义的生活。

第4章　在时间中适应

我 5 岁的时候，我们家换了电暖器。当时我还没有上学，一下子迷恋上了电工杰克。我不顾母亲的批评，他走到哪里我就跟到哪里。杰克喜欢穿牛仔服，我就也穿上工装服。我还清楚地记得他那缓缓展开的微笑，以及与众不同的深深善意。在我出生的小城，我还有一段完全不同的与成人交往的经历。当时我上小学四年级，跟一个当地的艺术家学绘画。我和其他同学都尊称她韦伯女士。韦伯和我之前认识的任何人都不一样。她是我认识的唯一一个不刮腿毛的女人，但这只是她与众不同的一个方面。韦伯画的蒙大拿野生花卉水彩画笔触细致，令人赞叹，其中的两幅至今仍挂在我家的大厅。尽管我没有美术天赋，但整个高中时期，以及大学每次放假回家和暑假，我都保持着去看望韦伯和与她聊天的习惯。

十几岁的我万万没有想到的是，韦伯和杰克恋爱了。他们两人都是晚婚。韦伯怀孕后，他们简直高兴坏了。然而，就在这时，杰克被查出罹患癌症，而且是非常严重的肉瘤癌。他们想尽办法，寻医问药。有一次，他们来芝加哥看病，我在他们上医院的那个下午，在校园外我的公寓里帮助照看他们的宝宝里约。在他们的儿子只有一岁半的时候，杰克去世了。天意弄人，令人扼腕。

当韦伯能够再次拿起画笔，她的画作跟以前完全不同了。画上依然有野生花卉，但也出现了哭泣的云朵，眼泪掉进木桶里的女人，以及源源不断滴下鲜血的心脏。许多画上都是一动不动躺着的女子，她们身上覆盖着野生覆盆子树叶，或是被冬天的枯树压得动弹不得。一位女子蜷缩在厚重的棉被下面。在有些画中，黑色的悲伤缠绕着这位女子的肩膀，像沉重的斗篷压在她的身上。然而在这一系列画作的最后几幅当中，我们可以看到，这位女子把她的心从地下墓穴中取出。其中还有几幅，太阳终于出现了，橘黄色的光芒照亮了整个画作。

这些画作美到极致。有一天，我们在她的工作室聊天时，她说，艺术家的训练对她来说是非常宝贵的。以前她非常努力，掌握了画笔和水彩使用的高级技艺，但是杰克去世后，她才有了想要表达的内容。如果没有这些年的准备，她不会有在画作中表达深刻情感的技巧。看得出来，由于没有这样的深情，她的早期画作虽然也很美，却无法在观者心中引起同样的共鸣。从杰克 1996 年去世到她 2001 年在美术馆举办画展，韦伯走过了一段漫长的旅程，获得了新生，而杰克是她隐秘的灵感之源。

如何给工作的大脑拍照？

对经历过悲伤的很多人来说，韦伯的画作令人动容，因为看到那些美丽的意象和悲伤的人物并置的场景，让我们想起了自己的悲伤经历。在前言部分，我介绍了悲伤的神经成像研究是在怎样的条件下，如何开始的。我们的研究问题是，当一个人在经历悲伤的痛苦时，大脑中会发生什么——但是，躺在神经成像扫描仪下这样陌生、无趣的医疗环境中，如何才能唤起悲伤的感情呢？韦伯的画作唤起了悲伤的深深孤寂之感，但我们如何才能确保做检查时唤起这样的感情呢？扫描仪呼呼作响，而且在当时的条件下，人们还需要咬住咬合块（bite bar）才能保持大脑静止不动，这样的环境实在很难让人们接触他们内心深处的感情。

当我们产生某种想法、感情或感觉时，功能性磁共振成像（functional Magnetic Resonance Imaging，简称fMRI）可以确定我们大脑中活跃的部分。神经科学家可以通过观察大脑区域的血流增长情况（increased blood flow）确定神经元激活的位置。功能性磁共振成像利用巨大的磁铁对血液中铁的作用来检测血流状况，这一技术也因此得名。然后，通过复杂的物理过程，流经大脑的血液数据被转换成关于大脑区域激活模式的影像。神经元被激活之后，需要血液来供氧，以恢复功能。当精神事件发生时，特定神经元会被激活，所以根据大脑中血流的变化，我们可以发现在这些精神事件发生时，哪些大脑区域被激活。当精神事件发生时，相比控制任务，在大脑灰度图片（grayscale picture of the brain）上，那些明显更加活跃的大脑区域会被标识为彩色的斑点。色彩越亮，这一精神功能在特定大脑区域耗费的血氧量就越多。这就是人们说的大脑"亮灯"的原因。

大多数神经成像检查是基于一种被称为扣除法（subtraction method）的方法。你设计出一个任务，这个任务需要发挥你所感兴趣的精神功能，然后你扫描一个正在完成这一精神功能的人的大脑。比如，假设你感兴趣的是阅读这一精神功能。大脑一直都是活跃的，完成着各式各样的任务。当这个人在阅读时，他的大脑也在体验身体的感觉，维持他的呼吸，记录他的回忆，等等。在扣除法中，研究者们想出第2个任务，即控制任务。控制任务和第1个任务在所有方面都是一致的，除了科学家们所感兴趣的精神功能。在被试们依次完成这两个任务时，他们的大脑被扫描下来。阅读任务之外，控制任务还应该解释被试的眼睛跨越他们母语中常见的语块，从左向右移动的事实。控制任务或许是请人们观看一些在他们的母语当中由常见字词组成，但没有任何实际意义的词组，因此他们无法阅读这些词组。每次大脑扫描，电脑都会记录下在阅读任务和控制任务发生时大脑的激活区域。当你把执行控制任务时的大脑激活区域从执行阅读任务时的大脑激活区域中扣除，可以推断出，剩下的大脑区域就是对于阅读这一精神功能有重要作用的大脑区域。

为了选出一个可以在扣除法中使用的唤起悲伤的任务，我和金德尔、莱恩必须想出捕获悲伤的情感片断的方法。我们考虑了真实生活中悲伤的来源，确定了两个可能性。首先，当人们讲述他们所爱的人发生了什么的时候，他们所使用的特定词语是与他们对于丧失的特定记忆紧密相连的。其次，当一个丧亲者想要讲述他们所爱的人时，他们通常会掏出一本相册。我们请每一位与我们分享的正是词语和照片。她们的悲伤是如此独特，逝去的爱人是如此特别，我们知道我们不能对研究中涉及的 8 位女士使用同样的词语或照片，所以我们把每位被试给我们带来的她们已逝爱人的照片数字化。在数字化的照片上，我们添加了说明文字，这些文字来自被试本人在讲述她们关于丧失的访谈中所使用的特有的与悲伤相关的词语，诸如“癌症”或“崩溃”等。在神经成像扫描中，我们测量她们在观看这些照片和文字时的大脑活动。

接着，我们还要创造控制任务。大脑有特定的区域来辨认人脸和阅读文字。我们决定使用陌生人脸的照片作为对比，并选择那些与被试带给我们的逝者照片尽可能相似的照片。我们做到照片人物的年龄和种族匹配。为了文字的匹配，我们使用同样长度和同样词性的中性词语。例如，“癌症”（cancer）一词的对应词是“生姜”（ginger）。因此，在扣除法的控制任务中，我们为每一位被试制作了带有中性词语说明文字的陌生人照片幻灯片。

被试非常慷慨地和我们分享了她们珍藏的令人感动的照片——一位失去了相伴多年的丈夫的女士向我们展示了一张帅气的年轻新郎捧着一块结婚蛋糕时的照片，另一张照片上是一位身着夏威夷衬衫的男子，他那放松的笑容记录下夫妻二人共度的美好假期，虽然现如今妻子已形单影只。当我们问起这些被试观看这些幻灯片的感受时，她们告诉我们，看着那些带有与悲伤相关的文字说明的已逝爱人的照片时她们的悲伤最深最重。我们还测量了她们看到每张照片时手指流汗的程度。在看到她们爱人和悲伤文字的幻灯片时，她们流汗最多，而看到陌生人和中性词语时，她们流汗最少。我们不想假定她们在完成我们的任务时感到悲伤，而是在她们不熟悉的医疗环境中，询问她们的情感反应有多强烈。通常，在实验室研究中，我们会为每位被试提供相同的刺激，以使该方面成为常量。而请丧亲者每人带来一张她们所爱之人的照片，这样她们每个人所看到的都是不同的照片，这是非常新颖的想法。在每位被试心中唤起真正的悲伤，这是非常重要的。对我们每个人来说，我们的悲伤和我们的关系一样独特。

研究结果

后扣带皮层（Posterior Cingulate Cortex，简称 PCC）是起始于脑中部，环绕着脑室，伸向脑后部的大片脑区域。在我们的研究中，相比观看陌生人的照片，被试在观看逝者的照片时，后扣带皮层产生了更多的神经激活。从以往的神经成像研究中，我们知道，后扣带皮层对于提取关于情感和个人经历的记忆有着非常重要的作用，而扫描仪记录下逝者的照片在我们的被试当中激起了这些记忆。后扣带皮层是悲伤之情的助推器。

然而，后扣带皮层并不是我们的悲伤实验中唯一被激活的区域。如今人们倾向于认为，大脑在运作时，很多区域是以网络的方式同时被激活的。另一个被激活的区域称为前扣带皮层（Anterior Cingulate Cortex，简称ACC）。许多精神活动都要求前扣带皮层的参与，因为这一区域能够抓住我们的注意力，并将注意力转向我们认为重要的事物。和那些中性词语不同，那些让我们想到我们所爱之人的死亡的词语会激活前扣带皮层。当然，爱人的死亡对我们来说是非常重要的——而作为精神科学家，这一结果让我意识到爱人的死亡到底有多重要。通常情况下，当一件痛苦的事情引起我们的注意，前扣带皮层和脑岛（insula）这两个区域会同时激活，而我们的扫描仪就在这些悲伤的时刻记录了这两个区域的同时激活。

我们对前扣带皮层和脑岛的联合激活（joint activation）知之甚多，一个原因来自对于身体疼痛（physical pain）的研究。在神经成像扫描仪下，被试感到令身体疼痛的刺激，比如手指被烫，这两个区域就会同时做出反应。令人惊异的是，神经科学家能够区分身体的疼痛和心理或情感的疼痛。仔细想想，身体的疼痛其实是一种强烈的感觉（sensation）。神经元在我们身内蜿蜒前行，从我们手指上的感受器（receptors），经过脊椎，进入拥有我们整个身体地形图的特定大脑区域，将疼痛的感觉出现的具体位置传递给我们的意识。对此，解剖学家毫不陌生。身体的疼痛来自大脑中所产生的强烈感觉。而情感的疼痛，那种与身体的疼痛相伴而生的痛苦感觉，来自前扣带皮层和脑岛，是疼痛当中更加令人惊恐和可怕的一种。因此，当这两个区域因为悲伤而同时被激活，我们把它们的联合激活理解为与情感的疼痛相关。身体和情感疼痛所激活的前扣带皮层和脑岛的具体位置并不完全一致，但却非常靠近。

结果引出更多的问题

这一研究的结果说明，悲伤是大脑产生的一种非常复杂的现象。在加工图像和文字的大脑区域之外，悲伤还涉及许多其他大脑区域，如加工情感、站在他人角度考虑问题、回忆情景记忆、认出熟人的脸、调控心率，以及协调所有以上功能的脑区。这些结果又是具体的，因为悲伤并不激活大脑的所有区域。例如，在我们的研究中，悲伤并不激活杏仁核，一个扁桃形状的大脑组织，它常常在大脑产生强烈情感时被唤醒。

我们的神经成像研究表明，我们可以成功地检查大脑中的悲伤，描述我们所看到的大脑在悲伤时发生了什么。对于科学而言，从大脑的角度研究悲伤是一大进步。这些结果又是不完全的，因为它们只描述了悲伤所涉及的大脑区域，而不能回答一些人们想要知道的关于悲伤的重要问题。我们需要的是一个神经生物学的悲伤过程模型（neurobiological model of grieving），而不是只是大脑区域的简单罗列。

当时，我相信神经科学能够启发我们，在经历丧亲之痛期间，悲伤的经验如何随时间而改变，我们如何随时间而逐渐掌握爱人已逝的知识。我希望神经科学能帮助我们理解并预测，谁将在爱人去世后做出坚韧的调整，谁又会为重建有意义的生活而苦苦挣扎。此外，我还想知道大脑会如何阻碍我们的自我调节。这些都是我早期的想法。悲伤的第一个神经成像研究为描述在感觉悲伤时大脑的运作机制提供了基础，但它并不能满足我对于悲伤过程的科学好奇。

与公众分享科学

在研究一个现象的早期，对这一现象进行简单的描述是很常见的。它是训练我们将注意力集中在一个新的研究领域的最初步骤。另一个对于悲伤的著名描述已经在我们的文化中延续了数十年。1969年，伊丽莎白·库伯勒-罗丝发表了《论死亡与临终》（*On Death and Dying*）一书。库伯勒-罗丝在书中所讨论的死亡5个阶段的模型为世人所熟知，尽管几十年来的研究进展已经证明，这一模型是不准确或不完整的。这一模型之所以广为人知，部分原因是库伯勒-罗丝打动了读者的心灵。许多人都知道悲伤的这5大阶段（否认、愤怒、商求、抑郁和接受）。尽管如此，你在互联网上能够找到的关于悲伤的信息已经有所改进，尤其是如果你搜索的是像美国国立卫生研究院（National Institutes of Health）这样可靠来源的网站。

库伯勒-罗丝是一个极具魅力的人物。我曾有幸在2004年她去世前，在她居住的亚利桑那州拜访过她。她成长在瑞士的苏黎世，年轻时曾主动在二战后与难民共事。她拜访了在波兰卢布林省附近的犹太人集中营，这段经历对她的一生产生了重要影响。20世纪60年代，作为美国的精神学家，她在民权运动和妇女运动期间开始接待病人和写作。这些文化变革让那些之前没有自己声音的群体发声。与此类似，她通过自己的写作为那些罹患绝症、不久于世的人发声。在当时，甚至从某种程度上说直到今天，人们认为即将到来的死亡是禁忌话题，即使在病人和医生之间。而她却选择了访谈那些病人，采访他们面对自己的死亡时所经历的巨大丧失之感，询问他们的感觉、思想以及他们对所发生的事情的理解。不仅如此，她还请其他的护士、医生、牧师、居民和医科学生加入这些访谈。然后把这些真实的将死之人想说的话与公众分享，先是发表在《生活》（*LIFE*）杂志的专题文章里，配上这些访谈现场令人动容的照片，再是在她 1969 年出版的那本了不起的专著中公开了这些内容。

库伯勒 - 罗丝使用的是当时精神病学所拥有的最好方法之一，即临床访谈法（clinical interview）。她所做的正是所有科学家在研究一个现象伊始时所做的：描述这一现象。她逐一列举了病人所说的话，将它们提炼成一个模型，并将这一模型与世人分享。关于悲伤的内容，她并没有错。人们的确讲述了他们所经历的愤怒和抑郁。有些病人出于对悲伤的否认而无法讲述他们的经历。其他人则为寻求如何走出死亡的阴影而辗转反侧。有些人则似乎接受了他们处于人生的最后阶段，对即将到来的死亡处之泰然。库伯勒 - 罗丝描述了这些内容，着重关注并创造了一个包含所有这些看似最重要方面的模型，这样的模型此前从未有人提出过。

库伯勒 - 罗丝和其他人把描述绝症患者悲伤体验的五大阶段应用到描述丧亲者的悲伤体验之中。这是一个巨大的跨越。正如我们的第一个神经成像研究所揭示的，悲伤远比我们想象的复杂。描述事实和实证研究不是一回事。库伯勒 - 罗丝用人们访谈期间的短暂悲伤体验来描述长期的悲伤进程。尽管她描述的体验内容是正确的，但并不是所有人都会经历所有这 5 个阶段，或是按照这种先后顺序经历这 5 个阶段。这个关于丧亲之后心理适应过程的 5 个阶段的模型没有得到实证研究的证实。

问题在于，她的这一模型并不仅仅是对她访谈对象的悲伤的描述，而是一张关于如何悲伤的处方，而这对于丧亲者有害无益。比如，许多丧亲者没有经历愤怒，因此，他们会觉得自己的悲伤方式有问题，或者没有完成他们全部的“悲伤的工作”（grief work）。有时，临床医生会认为他们的病人处在否认阶段，却没有意识到这 5 个阶段并非线性的，人们会在不同的时期进入或者走出否认阶段。总的来说，很少有人会按照库伯勒 - 罗丝提供的阶段模型有序地体验悲伤进程。遗憾的是，这么一来他们会觉得自己不正常。这一古老而过时的模型已经被其他具有更多实证科学支撑的模型所代替，但有时临床医生会坚持使用这一模型，而大众也常常不清楚我们对于悲伤过程的理解已经取得了很大进展。

英雄的旅程

当我告诉人们我正在写一本关于悲伤的科普读物时，几乎所有人都以为我将探讨悲伤的5个阶段。为什么这一模型的影响持续如此之久，尽管科学证据已经证明悲伤并不是以线性的方式展开的？心理学家、研究悲伤的专家罗伯特·内米耶尔（Robert Neimeyer）和贾森·霍兰（Jason Holland）给出了这一模型持续影响力的最佳理由。他们认为这一五阶段模型反映了我们文化的“唯一神话”（monomyth）。英雄的旅程，或者说，丧亲者的旅程，具有我们在大多数书籍、电影和露营篝火边的故事中所听到的史诗叙述结构。你可以想想所有的英雄形象，从《奥德赛》中的尤利西斯，到《爱丽丝漫游奇境》中的爱丽丝，甚至是近年网飞出品的科幻惊悚美剧《怪奇物语》中的小女孩“十一”。英雄（丧亲者）进入一个陌生的可怕环境，在一场艰辛的旅程之后，他们脱胎换骨，回来了，带来新的智慧与社群分享。这一旅程包含一系列几乎无法克服的障碍（阶段），因此，当英雄们完成追寻，他们也愈显高贵。对此，内米耶尔和霍兰做出了最佳描述：“悲伤过程以与‘正常’的丧亲之前的世界的分离为开始，勇敢地应对一系列重大情感考验，从一开始的迷失方向到最后成功的接纳、复原或象征性的返回，这一悲伤过程的描述之所以具有如此强大的吸引力，或许更多是因为它和一个看似普适的叙述结构具有难以抵抗的一致性，而并非因为它是客观准确的描述。”唯一神话的问题在于，当人们没有经历一系列的线性障碍，他们会觉得自己不正常，或者当他们觉得自己没有经历“克服”悲伤的过程或没有获得某种启示，就会感觉失败。而亲朋好友，甚至医生也会为没有明显地看到一个充满智慧的英雄的回归而感到担忧。

内米耶尔和霍兰开展了一次实证研究来验证这5个阶段。他们发现，心理的适应并不是如此线性或有序的。通常，悲伤的痛苦在那些只悲伤了相对短的时间的人身上体现得更加显著。这种痛苦类型多种多样，如怀疑、愤怒、抑郁的心情和极度的渴望等。而对于那些已悲伤了较长时间的人来说，接受悲伤是更明显的反应。因此，为悲伤而痛苦和接受悲伤似乎是同一枚硬币的两面。时光流转，它们此消彼长，宛如海浪。幸运的是，对悲伤的接受与日俱增，为悲伤而痛苦的程度与日俱减，这一现象的确会出现。当然这需要很长一段时间。从痛苦向接受的转变过程非常缓慢，而且每年的逝者忌日前后，都会有一个短暂的反转，大多数人会在这些日子重感旧悲。这是很正常的。这一旅程通常并不会像处于痛苦中的我们和我们的爱人所希望的那样，有一个明显的开端、发展和结尾。在悲伤的起起伏伏中，最终，接受悲伤会成为主流，而痛苦的程度会减弱，但并不会完全消失。

应对丧亲的双过程模型

在20世纪晚期，对丧亲的科学研究经历了一个从聚焦于丧亲之后人们所经历的伤痛向着重探讨人们对丧失的长期心理适应过程的缓慢转变。通过长期合作，荷兰乌得勒支大学心理学家玛格丽特·斯特伯（Margaret Stroebe）和亨克·舒特（Henk Schut）做出了截至目前最具实证性的丧亲科学研究成果，他们所创立的模型被称为“应对丧亲的双过程模型”（dual process model of coping with bereavement），简称双过程模型（dual process model），许多临床医生都在使用这一模型。

请看双过程模型图（图4-1）。最外面的大圈代表着我们的日常生活经验。内部的两个椭圆代表着爱人去世后，我们所面临的应激反应。几十年来，临床医生、哲学家和诗人一直在谈论丧失导向的应激源（stressor），这也是我们提起悲伤时通常所想到的。这是一种失去某人的痛苦情感，尽管我们知道他们已经不在人世，但是所有的一切都似乎让我们想起他们。双过程模型所做的重要补充就是对我们所面对的其他应激源进行命名。这指的是斯人已逝后，我们不得不完成的所有任务。重建的应激源包括弄清楚你该如何交税，如何去便利店这样的现实问题。如果你失去的是配偶，你还需要学习如何离开你的朋友和爱人，如何离开那个做家务的人，或是离开一个共同养育孩子的伙伴而生活。对于年长一些的夫妻，丧偶则意味着失去重要的健康状况支持者，或者失去司机。重建意味着我们根据世界的改变做出调整，比如意识到我们将不再能够与爱人共度退休后的美妙时光。我们必须面对新的现实，做出新的选择，形成新的目标，重建有意义的生活。

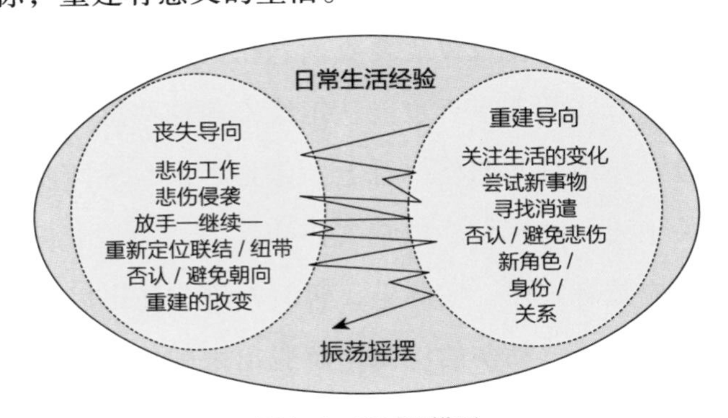

图4-1　双过程模型

然而，双过程模型的真正绝妙之处在于图表中连接这两个椭圆的锯齿状线条。人们会在这两种应激源之间来回反复。这一振荡摇摆的曲线凸显了悲伤的过程，而不只是我们思想和情感的内容。有时，这种振荡摇摆发生在一天之内，上午随房产中介看房子，下午看着婚礼相册陷入回忆，两件事会让你产生不同的情感反应。有时，这种反复间隔时间更短，可能是在办公室卫生间大哭一场，然后立刻回到办公桌前，继续完成项目。有时，面对一种应激源会让你完全否认或逃避另一种应激源。你可能会对自己说："我会在下面的 45 分钟之内假装一切都没有发生，专心为女儿的足球比赛加油。"

当这一新的双过程模型刚开始萌芽时，一些临床医生对这一理论提出了质疑，因为它打破了人们深信不疑的一些关于悲伤的信念，或者叫神话。比如，有一种神话就是，应对悲伤仅仅需要直面悲伤的感情，而不需要考虑陷入悲伤的人是否也能从拒绝直面这些感情的经历中获益。拒绝直面悲伤，看上去像是否认、压抑或刻意回避关于死亡的感情。通常人们会认为，这对于长期的心理适应是有害的。实际上，暂时拒绝悲伤可以给你的身心一个从情感动荡的应激中解脱出来的机会。斯特伯和舒特希望能弥补之前悲伤模型中的这些不足之处。

对于悲伤经验而言，处理丧失（loss）和重建（restoration）这两极的能力都非常重要。失去爱人之后，应对能力的关键在于灵活性，能够灵活地关注每天发生的一切，集中精力处理当前出现的任何难题。丧亲者也会有感觉不到悲伤的时刻，他们的日常生活经验会落入两个椭圆形之外的空间。随着时间的流逝，他们会越来越多地忙于日常生活，无论是应对丧失之感，还是重建有意义的生活都将逐渐变得不那么困难。代表着丧失的侵扰和重建的努力的椭圆永远不会消失，但是这些应激源带来的情感反应会越来越不那么强烈和频繁。在本书的后半部分，我们将更详细地探讨如何使用这一应对丧失的灵活方法。

第5章　出现并发症

2001年夏，在完成对悲伤的第一个神经成像扫描研究几周后，我应邀参加在密歇根大学举办的研讨会。那次参会的都是欧美顶尖的悲伤研究者。会议拓宽了我对科学思考丧亲的理解，对我影响很大。那个周末，我遇到了包括乔治·博南诺、罗伯特·内米耶尔以及玛格丽特·斯特伯在内的优秀人物和科学家，他们将丧亲科学带入21世纪。他们对作为科研新人的我鼓励有加，在后来的日子里，我们成为同事，他们对我的影响持续至今。

研讨会的目的是向我们介绍"年长夫妻的变化的生活"（Changing Lives of Older Couples，简称CLOC）这一科研项目受国立衰老研究院（National Institute of Aging）资助，由密歇根大学负责。该项目极大影响了丧亲研究这一领域。这一长期研究对超过1500名年长者进行了访谈，在他们的配偶去世前后的不同时间点，向他们提出了数以百计的问题。可以想象，这一研究产生了一个巨大的数据库。研讨会向我们展示了截至当时，收集了哪些信息，这些信息是如何被编辑的，以及访谈问题是怎样设计的。当时，该项目已经发表了 50 多篇科研论文，其中一些具有开拓性意义。

这项研究的最可贵之处是首次访谈发生在受试夫妻双方都活着的时候。当时，任何一方都没有罹患绝症。科研人员在之后的许多年里追踪这些夫妻。当夫妻中的一人去世后，研究人员再次访谈活着的配偶，时间分别是死亡发生的 6 个月后和 18 个月后。因为首次访谈时没有任何迹象表明夫妻双方中有一人将会去世，这一独特的研究类型被称为“前瞻性”（prospective）研究。因为研究者们也收集了丧亲之前夫妻双方的信息，他们并不依赖丧亲者的回忆。掌握前瞻性信息降低了记忆失真的可能性，因为我们的记忆受到时间的影响，会因为境遇的变化而有失公允。

在配偶去世前所收集到的信息对于我们以实证的方式揭穿关于悲伤的一些神话是非常珍贵的。从该项目的研究数据中，博南诺利用历时的悲伤变化信息，创立了一个由实证支撑的悲伤模型，这一适应轨迹模型对该领域产生了巨大影响。想象一下，假如库伯勒 - 罗丝生活在一个可以接触到1500对夫妻，并且能在多年中的多个时间点对他们进行访谈的科学研究时代，她创立的模型将会有多么不同！我们可以确信，基于这一巨大规模的研究数据产生的适应模式对于广泛的人群都有可信度。同一个数据库中的许多访谈问题使科学家们可以就悲伤的情感、个人、环境、家庭和社会等各方面之间的关联甚至预言进行测试。

悲伤的轨迹

想象一下，你参加了一个读书会。在第一次见面时，你被介绍认识了一位女士，6个月前她的丈夫去世了。你注意到她看上去比较内敛，同时也很不安。她是当晚第一个离开的人。你希望她能再来，因为她看上去人很好，并且对这本书有很有趣的想法。的确，她每个月都来参加读书会。有时看上去状态好些，有时差些，但是基本上都差不多。读书会很有意思，你每次都去。直到有一天，你突然意识到，你已经参加读书会一年半了。你很惊讶，因为这位女士在这么长的时间里似乎没有变化。她从不谈论生活中新认识的人。当书中出现任何有关丧失的情节时，她还是常常会流泪，而且看上去非常抑郁。

好，让我们回到科学模型上来时，请记住这位女士。博南诺以他的项目研究数据回答了一个非常深刻的问题，即：所有人在悲伤中的适应轨迹都是一样的吗？如果你在人们失去爱人之后的 6 个月和 18 个月访谈他们，他们每个人都是一样的吗？还是你会发现不同的人会形成不同的模式？实际上，博南诺和他的同事在项目研究中发现，可以根据适应轨迹的不同，把人们分为 4 种类型。这些轨迹包括坚韧型（resilient）（丧亲者从未出现抑郁）、慢性悲伤型（chronic grieving）（丧亲者在丧亲后开始抑郁且抑郁持续）、慢性抑郁型（chronic depression）（丧亲者在丧亲之前就开始抑郁且在丧亲后抑郁持续或加剧）以及抑郁改善型（depressed-improved）（丧亲者既存的抑郁在丧亲后减弱）等。这一悲伤轨迹模型（model of the trajectories of grieving）已经在一些其他大型研究中被采纳。博南诺的研究获得了关于如此众多个体的悲伤过程的数据，且数据如此细致，的确是非常罕见的。

让我们思考一下读书会的那位女士符合这四种轨迹当中的哪一种。在图 5-1 中，竖轴（y 轴）上的数字代表抑郁症状。数字越大，抑郁水平越高。当你在读书会遇见这位女士时，她的丈夫已去世 6 个月，她看上去是抑郁的，在 18 个月时她仍旧抑郁。而这一悲伤轨迹模型的真正洞察之处在于，你不知道这位女士应该属于“慢性抑郁型”还是“慢性悲伤型”。因为你遇见她时，她的丈夫已经去世。她属于两种轨迹中的哪一种取决于此前她的生活。

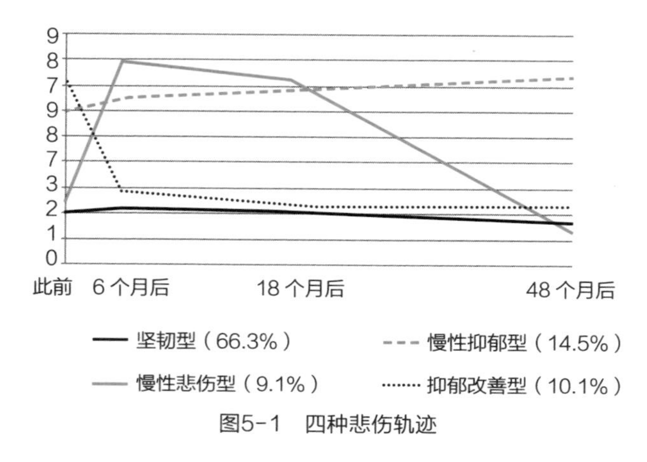

图5-1　四种悲伤轨迹

如果这位女士属于慢性抑郁型，那么她在丈夫死前就已经抑郁，丧亲只是她所经历的困境的延续。如果她属于慢性悲伤型，那么她此前生活正常，有正常的起伏，但没有抑郁。是她丈夫的去世及其带来的应激反应导致了她的抑郁。而她一旦抑郁，将数月无法自拔。你可以想象一下，为何区分这两种轨迹如此重要。在前一种情况下，她的困境是长期的，并非仅仅在丈夫去世后才开始出现，因此可能需要不同类型的干预手段。博南诺的洞见只有借助可能有用的数据才能显现。当临床医生面对一个在丧亲期间表现痛苦的病人，他们需要问这是否是一个长期的问题。我们不能假定爱人死亡是病人悲伤的原因，尽管他在爱人死后表现痛苦。

你会注意到，4 年后，慢性悲伤型女士的抑郁症状水平和坚韧型类似。我们知道有些人慢性悲伤的时间可能会持续更久，甚至长达10年，但是即使在慢性悲伤型的轨迹中，适应仍是可能的，尽管这一过程要缓慢得多。

坚韧型

博南诺把一种悲伤轨迹称为“坚韧型”。那些鳏夫寡妇没有抑郁症状，在丧偶后的6个月也没有，18个月后依然没有。当然，我们不知道他们在前6个月里的感受，不能因为他们没有表现出抑郁的症状，就认为他们没有感到悲伤或痛苦。

令人惊叹的是未经历抑郁的“坚韧型”人数之多：有超过一半的丧偶者可以归入这个类别。也就是说，坚韧型是悲伤最典型的类别，大部分人在爱人去世后，在任何时间都未经历抑郁。坦率地说，这一发现让许多研究者感到惊讶。这一洞见提醒我们，临床医生一直在主要研究那些在经历丧失后向他们寻求帮助的丧偶者，而这一人群要比未经历抑郁的“坚韧型”人群规模小得多。由于我们没有系统的大范围悲伤研究，我们把对一小部分应对不利的人群的理解，放大至所有丧亲人群。我们能获得对于坚韧型的新认识，正是因为“年长夫妻的变化的生活”这一项目随机邀请了底特律的居民来参加研究。随机抽样要求精确的社会科学方法，且比一般人想象的要难。研究者们在邀请人们加入研究之初，并不知道他们将如何应对丧偶。这就意味着他们应对丧失的方法不会对他们能否参加研究产生影响。那些善于适应和不善于适应的人，都有被包括进来的同等可能性。

有趣的是，对于人们的生活不构成侵扰的悲伤研究相对较少。对临床心理学而言，这很好理解，因为临床医学的动机是探索如何帮助需要帮助的人。另外，寻求帮助的人也更有可能主动参与科学研究。

悲伤与抑郁

西格蒙德·弗洛伊德是第一个探讨悲伤与抑郁的相似之处的学者。尽管两者看上去没有区别，但实际上，抑郁常常似乎没有来由，而悲伤是对于丧失的一种自然反应。从弗洛伊德开始，我们认识到抑郁与悲伤是可以区分的，即使是严重的悲伤。例如，抑郁往往涉及生活的方方面面。抑郁者会感到几乎他们生活的所有方面都是糟糕的。

我的母亲去世时，我 26 岁。我没有出现复杂悲伤，但却需要和抑郁做斗争。我的母亲也有严重的抑郁症，在我出生前就开始发作，持续影响了我的整个童年。抑郁就像潜藏在我母亲家族几代人身上的一条金属矿脉，不时会有人“中奖”。母亲去世前，我就有过一次抑郁症发作。当时我正在国外上大学三年级，发作原因是想家。母亲的去世让我的抑郁症再次发作，而这也并不是最后一次。随着我在研究中对经历复杂悲伤的人有了更多了解，我意识到他们的悲伤体验的标志是渴望。而这并不是我在悲伤时所面对的感情。尽管我在失去母亲后经历挣扎，却并不渴望她回到我身边。相反，她去世时我觉得得到了解脱，因为我们的关系一直很紧张，而且我知道她在生命的最后阶段非常痛苦。为爱人的去世感到解脱是一种常见但同时也非常令人内疚的感情，所以我没有向很多人承认过这一点。实际上直到今天，承认这一点都是困难的。虽然母亲去世后，我的人际矛盾减少了，但由于在我和母亲共处的20多年中，我们母女的人际关系模式在我和其他人的关系中被复制，所以我的抑郁影响了生活的很多方面。

和我的情况不同，对于慢性悲伤型的人而言，糟糕的感觉其实只源于思念这个人，如果有内疚的话，它也只源于失去这个人。换句话说，如果去世的爱人能够起死回生，那么抑郁的人或许很开心，但是爱人的返回并不能解决所有问题，抑郁的人依然会因为其他事情而感到抑郁。而对于慢性悲伤的人来说，他们的感情、他们的痛苦以及他们的困境全部和爱人的去世有关。另外，据有过抑郁体验的人透露，悲伤和抑郁感觉不同。

丧亲科学认识到，有些人在他们的爱人去世后陷入挣扎，这一挣扎会持续数月甚至数年。由此，1997年，一批包括研究者和临床医生在内的悲伤和创伤专家召开大会，讨论是否能就慢性悲伤综合征症状达成一致。尽管有许多人就那些无法从丧亲之痛中恢复过来的人写过文章，至于如何识别这一慢性悲伤现象的标准，大家还没有达成临床共识。

这批专家发现了一些症状来概括那些在爱人去世后的适应过程中经历最多困难的人群的特征。在实证证据和临床经验的基础上，他们都认为，悲伤障碍（grieving disorder）与抑郁或焦虑障碍（disorders of depression or anxiety），包括创伤后应激障碍（post-traumatic stress disorder）是可以区分开来的。慢性悲伤的主要症状包括：1）对逝者的持续渴望，2）因丧失而受到创伤的感觉。他们创立了一系列标准，临床医生和研究者可以借此来判断病人是否符合慢性悲伤的描述。这些标准的创立是重要的，因为之前的研究者对于严重的悲伤如何构成有不同定义，这使得对比他们的研究成果非常困难。

从澄清悲伤综合征的一系列症状开始，我们可以提出一些其他科学问题。比如，我们或许可以预测和证实那些患病风险更高的人群。也可以探究是否存在其他与慢性悲伤相关的特征，比如生理应激（physiological stress）或大脑处理丧失的方式，等等。

延长悲伤综合征

将慢性悲伤定性为综合征，为一小部分丧亲者长期深受其扰的一种经历命名，这种做法有弊有利。命名一种综合征让我们知道有其他人受到同样的困扰，这会给我们带来安慰。它让人们知道他们并不是唯一的患者，科研人员正在积极努力，加以干预。尽管确定临床诊断的标准并不是我作为临床科学家的主要研究领域，但是如果没有诊断史（diagnostic history）方面的背景知识，理解悲伤的神经生物学是非常困难的。缺少了对于可能出现的心理问题的理解，我们将无法理解在慢性悲伤期间大脑中可能出现的问题。

自从了解到大约有 1/10 的人长期无法适应悲伤，我们就将临床注意力转移到那些即使有来自亲朋好友的帮助也无法改善的人群身上。这一小部分人经过很长时间也无法回到感觉生命充满意义的状态。我们利用这些标准，甄选出悲伤综合征患者，使用心理治疗有效缓解了他们的症状。在本书的后半部分，我们将更多探讨这些治疗方法。

作为科学家和临床医生，我们尚处于确切理解悲伤综合征的早期阶段。我们仍然在尝试将它和正常的人类悲伤经验区别开来，和抑郁、焦虑以及创伤区别开来。由于理论还在创立过程中，悲伤综合征也出现了一些不同的名称，包括复杂悲伤以及延长悲伤综合征。“创伤性悲伤”（traumatic grief）这一术语是 1997 年首次出现的，意思是历经创伤性死亡之后的悲伤，“受创”一词着重强调所经历的死亡是突然的或暴力性的。延长悲伤综合征如今已被归入世界卫生组织所提出的《国际疾病分类》（*International Classification of Diseases*，简称 ICD-11）。同时，它还在 2021 年被美国精神病学协会（American Psychiatric Association）纳入《精神障碍诊断与统计手册》（简称 DSM-TR-5）。其代表性症状有强烈的渴望，或者日复一日对逝者无尽的思念。此外还有强烈的情感痛苦，难以置信的感情或者无法接受丧失，无法从事其他活动或者规划将来，以及一部分的自己已随逝者而去的感情，等等。这些症状将持续至少 6 个月，影响人们完成自己的工作、学业或家庭责任的能力，并超出文化或社会环境所能接受的程度。

这一小部分患有悲伤综合征的人群和那些经历人类普遍悲伤痛苦的人群经历有所不同。曾经有位女士告诉我，因为孩子们的祖母不在了，给他们举办成人礼也失去了意义。还有一位男士，曾经是当地社区的带头人，但是在他的儿子去世后，他不再能担当此任，因为他“对其他人不再关心”。还有一位国家级报纸的记者，她因为每次采访都要流泪而失去了工作。丈夫死后，她还像丈夫在世时那样买同样多的菜，做两个人吃的饭，尽管她知道，有一半会吃不完而扔掉。这些人都是悲伤综合征患者。

就我个人而言，我喜欢“复杂悲伤”这一术语，因为它让我想起在任何正常的疗愈过程中都可能出现的并发症。如果你骨折了，身体会产生新的细胞来重塑骨头，使它获得恢复原先状态的力量。尽管医生们会用石膏绷带的方式固定骨头，使它更快恢复，骨头的重新联结其实是一种自然的愈合过程。甚至多年以后，如果你曾经骨折过，医生依然能够从X射线中看出骨折。悲伤也是如此。因为即使已经得到了良好的适应，人们原先的生活也由于丧失而彻底改变。然而，正在愈合中的骨折可能会出现并发症，如感染或者再次受伤。我想延长或严重悲伤也是如此，通常会出现影响正常适应过程的并发症，而我们的目标是辨识并且消除这些并发症，以使病人能够重回正常的坚韧适应轨道。后面，我们将谈论一种并发症，它是由我们在适应过程中产生的某些想法造成的。

在本书中我常会使用“复杂悲伤”这一术语。该术语在我报告的这一研究进行时已广为接受。在使用这一术语时，我指的是那些由于爱人去世后的悲伤并发症而导致的严重而延长的经历。这种慢性悲伤可以被称为悲伤综合征，它在悲伤连续统（continuum of grieving）中处于较高的位置。在目前的临床科学中，复杂悲伤患者囊括了很多这样处于悲伤连续统较高位置的病人（大约十分之一二），比延长悲伤综合征患者（百分之一到百分之十之间）要多。尽管术语有些不同，我的主要目的是辨识那些处于悲伤连续统中较高位置的丧亲者。

悲伤与大脑的结构

那些坚韧型人群和那些罹患复杂悲伤的人群，他们的大脑结构有何不同？爱人的死亡影响大脑，但悲伤和大脑之间的关系是双向的。大脑功能取决于大脑结构的完整性，它也影响我们理解和处理死亡事件以及死亡对我们生命的意义的能力。以戏剧性的情况为例，如果一个人失去记忆力，或者无法形成新的记忆，他们就需要不断地被重复告知他们的爱人已经去世的消息。如果没有能够储存记忆的大脑结构，人们将不断面临新的丧失之感。

我们保存记忆、制定规划、记忆我们是谁和想象未来的认知能力，将帮助我们重建有意义的生活。科学探究了丧亲者的大脑结构和功能如何影响他们的精神能力和悲伤结果之间的关系。在荷兰鹿特丹的伊拉斯谟医疗中心（Erasmus Medical Center）的研究人员发表了一系列研究成果，揭示丧亲期间我们的认知过程和大脑是如何改变的。2018 年在荷兰休假期间，我有幸和这些研究人员共事。

早在 20 世纪 80 年代中期，这些有先见之明的医生和科研人员就意识到，荷兰的大部分人口将老龄化，就像我们所面临的美国人口的老龄化一样。这一人口结构的变化将带来患有慢性病的老年人口的增加，而发现这些慢性病病因的最好方法是研究致病的风险因素。他们开始了一项规模庞大的流行病学研究。正如我们之前所讨论的，将致病因素找出来需要进行前瞻性研究。人们必须在发病前被评测、追踪，直到确定他们罹患心脏疾病、癌症或抑郁症的时间。由于同时拥有病人发病之前和之后的信息，研究者可以进行回溯，然后发现存在的致病因素。重要的是，由于采样范围广泛，研究者也可以通过回溯，发现这些因素在那些没有出现同样疾病的人群中是否也曾经存在。

荷兰研究者聚焦于鹿特丹的一个典型社区，在该社区的中心建立了一个特别的医疗研究设施，这个想法很妙。借助这一设施，常规的医疗和精神评测、集中的档案记录、社区和研究者工作的整合成为可能。对于悲伤研究，他们做出了一个将极大改变丧亲科学的关键决定。他们不仅询问人们是否体验过爱人之死，还通过标准化的问题来评测人们悲伤的严重程度。因此，我们掌握了许多关于年长成人悲伤轨迹的多年信息。

荷兰研究者对他们的研究对象做了大脑的结构核磁共振成像（structural MRIs）。结构核磁共振成像和功能核磁共振成像（functional MRIs，简称 fMRIs）不同。我在第一个悲伤研究中使用了功能核磁共振成像，它能告诉我们大脑中血流的位置，帮助我们确定哪些大脑部件被用来完成特定的精神功能，如记忆或情感。与此不同，结构核磁共振成像将大脑中的骨头、脑脊液（cerebrospinal fluid）以及灰质（gray matter）区分开来。结构核磁共振成像本质上是一个精巧的三维 X 射线装置。它也能被用于观察膝盖或心脏。当我们聚焦于大脑，结构核磁共振成像可以向研究者展现大脑的外观大小。更重要的是，它还可以展现大脑中灰质和白质（white matter）的结构完整性。大脑不是固体，相反，在所有神经元之间有许多微小的空隙。正如两块外观上大小相等的骨头，如果其中一块骨质疏松，它就有可能因为内部的诸多孔洞而疏松易碎，它的结构完整性则较差。因此，两块骨头可以大小相等，但是体积不同。与此相似，随着自然的衰老，外伤或疾病的出现，大脑中神经元体积会缩小，从而产生更多的空隙。结构核磁共振成像能够检测出这些变化，我们也可以比较不同人群的大脑体积。

鹿特丹科研人员的研究比较了150位患有复杂悲伤的年长者、615位丧亲但没有患复杂悲伤的人以及4731位没有丧亲的人的大脑。研究没有包括抑郁症状严重的人群，因此研究结果显然只与悲伤相关，而与抑郁无关。患有复杂悲伤的人群与未丧亲人群相比，大脑体积要明显小一些，而未丧亲人群与坚韧型丧亲人群的大脑体积几无差别。因此对于年长成人来说，与大脑体积的略微缩小相关的是更严重的悲伤程度，而非丧亲经历本身。

单一的核磁共振成像呈现的是某一时间的快照，是信息的横断面。它无法告诉我们大脑体积的缩小是丧亲的原因还是结果。患有复杂悲伤的人群大脑体积缩小无法向我们揭示这一结构变化是在丧亲之前就已出现，还是在丧亲之后才发生的。一方面，已经存在的大脑结构完整性不足可能会阻碍对于丧亲的坚韧型适应。另一方面，严重悲伤的应激可能会导致大脑的小幅体积缩减。一个略微小一些、不够健康的大脑或许会使我们在丧亲期间的学习或适应较为困难。重要的是，在对年长者的大范围研究中，平均而言，那些适应最为困难的人群大脑中存在一些结构性的差异。

这一发现引发另一问题，即丧亲者或经历复杂悲伤的人群是否也会出现认知功能的变化。悲伤是非常费神的。对未来做出规划的精神能力，要求我们基于过去的经验，形成和预估可能的后果，并且牢记我们更重要的价值观、更高的目标和更深层的欲望——与此同时考虑我们当下的状况和对世界的整体认知。将所有这些信息整合进一个完整而可行的规划当中需要认知能力！

特别是，许多丧亲者称他们无法集中注意力。我们可以使用标准化的认知测试来确定丧亲人群与未丧亲人群在认知能力上是否存在区别。丧亲者无法集中注意力，可能是由认知能力之外的因素导致的，比如总是对逝者或丧失念念不忘。相反，如果丧亲人群虽然全力以赴、集中注意力，却仍然在认知测验中表现欠佳，那么我们可以得出结论，正是认知受损导致他们无法集中注意力。幸运的是，这些鹿特丹的研究者不仅研究了荷兰被试的大脑结构，也给被试做了认知测试。

丧亲期间与之后的认知功能

在鹿特丹科研人员的研究中，年长的被试接受了一系列认知测试,其中包括短期和长期记忆、信息加工速度、注意力和集中注意力的能力、单词词组记忆以及整体认知功能等方面的测试。这些测试的具体形式有猜字谜、匹配符号、复述故事和玩图案块游戏等，都是根据被试的年龄和教育背景所做的标准化测试。精神科医生兼流行病学家亨宁·铁迈尔（Henning Tiemeier）发现，在这些测试中，坚韧型丧亲人群和同龄未丧亲人群的表现同样优秀。因此丧亲本身对认知能力并无影响。

在这些认知测试中，复杂悲伤患者与坚韧型丧亲人群相比,表现较为逊色。复杂悲伤患者整体认知功能偏弱，信息处理速度较慢。同样，我们并不知道两者孰因孰果。这是一个鸡生蛋还是蛋生鸡的问题。到底是丧亲适应应激影响了认知功能的发挥，还是年长者的认知功能不足降低了他们应对死亡及其后果的能力？整体认知功能减弱或许会导致悲伤加剧，因为认知能力减弱会使人更难适应丧失。另外，延长的悲伤反应或许会影响神经元的结构或功能，从而影响大脑的精神功能起作用，损害认知功能。

有一点证据能够帮助我们解决这一问题，但我认为这一解决并不是最终的。当 7 年后，同一批年长的荷兰被试接受认知测试时，研究发现，相比坚韧型人群，复杂悲伤患者更有可能整体认知受损。坚韧型丧亲人群的大脑依然和那些未丧亲人群看上去一样。这一数据说明，丧亲是正常的生活事件，大多数人能够成功适应而不受长期影响。然而，对于那些复杂悲伤患者，他们应对丧失的过程中出现了特别的现象。铁迈尔及其同事是这样阐释他们的研究结果的：至少对于年长者来说，当他们的爱人去世，轻微认知受损的人群更有可能出现更严重的悲伤反应。这一轻微的认知受损使他们更容易罹患复杂悲伤。

他们所经历的缓慢认知衰退可能会持续数十年。一种可能性是，认知功能的衰退并不是丧亲造成的，相反，认知功能的衰退被归结为丧亲，只是因为丧亲易于指认，即使丧亲发生时缓慢的认知衰退过程早已开始。我相信我们需要在这一领域做更多的研究。我不知道对这些年长者的复杂悲伤来说，心理治疗作为一种帮助他们更好适应的治疗是否能延缓或终止认知衰退的过程。

需要注意的是，这项研究也有其局限性。例如，对于面对丧亲的中年人或更年轻的人群，用认知衰退来解释复杂的悲伤反应并不可行。还没有针对更年轻人群的认知测试和结构核磁共振成像研究。研究还使用了人群的平均值。如果一个人罹患复杂悲伤，我们不能说它就是轻微的认知损伤造成的。即使轻微认知不足对于复杂悲伤而言是风险因素，认知能力随时间而衰退很有可能是大脑衰老与应激性丧亲事件互相作用的结果。

此外，复杂悲伤的心理治疗有可能改善认知功能。澳大利亚临床心理学家理查德·布莱恩特（Richard Bryant）和菲奥娜·麦卡勒姆（Fiona Maccallum）用认知行为疗法（cognitive behavioral therapy，简称 CBT）治疗了几位延长悲伤综合征患者。他们在治疗前后分别测试了被试回忆具体经历的能力。心理治疗使丧亲者能够回想起自己人生中更多的具体经历，尤其是在听到一些积极的词语之后。那些在悲伤治疗过程中进步最大的人的记忆能力也提高最多。因此延长悲伤与认知功能减弱可能相关，但两者并不是因果关系。如果延长悲伤得到减轻，那么认知困难也可能同时被消除。

对复杂悲伤的心理治疗

想象一下，你在一个便利店的收银处，刚买了一周的食物。你看着传送带上的商品，听着收银员扫码时机器不断发出的“哔哔”声。周复一周，一位名叫维维安（Vivian）的寡妇都会出现在这里。她看着收银处，心想：“我知道最后要扔掉一半东西。”为什么呢？因为她每晚都会做自己和丈夫两个人的饭。她做的饭和丈夫在世时一样精美。吃不完，她会把一半的饭菜扔进垃圾桶，每晚都是如此。而下周她还会像上周一样，选择同样数量的蔬菜、意大利面、汉堡包以及桶装牛奶。她无法在购物时不考虑到他，就好像如果她不再这么做，就会切断那根整整维系了他们40年婚姻的牢固绳索的最后一根线。她失去了对一切的控制，只剩下还能为他做饭。同时她也知道她的行为毫无意义。她不为他摆餐盘，盛饭菜——他已经去世，她的大脑对这一点并无误解。因为怕家人和朋友会认为她疯了，每晚的这一仪式，她没让任何人知道。

最终，维维安听说了复杂悲伤治疗（Complicated Grief Treatment，简称CGT）。虽然不抱太大的希望，但是隐约意识到她这样整月地扔掉饭菜，可能符合被试招募广告上对于复杂悲伤综合征的描述。她预约了治疗。复杂悲伤的治疗是由哥伦比亚大学精神科医生凯瑟琳·希尔（Katherine Shear）发明的。希尔随机抽样的临床实验证明，当治疗集中针对复杂悲伤的症状时，人们可以康复，而且和接受另一种心理治疗的控制人群相比，接受CGT疗法的人群康复程度更高。希尔的研究成果在《美国医学会杂志》（*Journal of the American Medical Association*）以及《美国精神科杂志》（*American Journal of Psychiatry*）上发表。甚至在更年长的成年人中，接受过复杂悲伤治疗的人群有70%得以康复，而接受另一种治疗的人群只有32%获得康复。

维维安接受了16周的密集治疗。最初的面谈集中于解释悲伤的运作方式。她的治疗师告诉她，许多人以为陷入悲伤是他们自己的问题。维维安当然也是这么想的，并且说她的家人们都认为她需要“向前走”了。但是治疗师说，他们可以一起准确地确定悲伤并发症如何对她的生活造成阻碍，而且告诉她，她需要在两次面谈之间完成家庭作业，以此来掌握生活中所需要的不同技巧。他教会她观察和记录下自己的思想感情，然后发现哪些思想感情是她最大的问题。

当然，便利店经历是维维安最容易发现的问题。治疗师说，如何管理便利店购物和做饭是双过程模型的重建应激源之一。可是治疗师也想聚焦于丧失本身，并要求记录下她对丈夫死亡过程的讲述。尽管维维安此前没有向任何人描述过丈夫去世那天所发生的事，但她还是向治疗师开始了讲述。当时，她的丈夫已经住院数周，她日夜陪伴在床前。他们非常亲密，她希望能在丈夫不多的清醒时刻陪伴在他身边。那天下午，每天都看到她的护士轻声对她说，她该回去洗个澡了，然后带点干净的衣服回来。维维安非常疲惫，就这么做了。一小时之后，她回来了，护士却告诉她，她心爱的丈夫已经去世。

维维安悲伤内疚，难以自持，几乎无法开口对治疗师说出下面的话："我从来没有向任何人承认过是我的错，"她说，"他去世时我不在他身边。"

复杂悲伤的治疗通过不断重返那些强烈的压倒性情感，并且教授灵活地进入和走出这些感情的技巧来处理丧失应激。维维安和她的治疗师共同意识到，她在逃避这段回忆，然后她开始练习重返这一记忆的策略。治疗师请她每天倾听自己讲述这个故事的录音，鼓励她接受丧失的现实。这一功课要求她在面对悲伤的痛苦时展现极大的自我关怀，其中包括给自己"服用"悲伤的感情，然后学会把它们放下。这也正是我们在双过程模型中所看到的振荡摇摆。

为了处理重建的应激源，治疗师请维维安想象做一人餐。她说："说实话，那样我宁愿不吃饭。想象锅里或餐盘上只有小小的一个土豆，这太让人抑郁了。我觉得特别孤单。"还能怎样处理食物呢？维维安决定去买一些一次性容器，然后开始把剩下的饭菜冷冻起来。她知道她不会再吃这些食物，但是她可以看看她的教会里是否有人需要。实际上，教会的义工说，自制食物的需求量很大。维维安很难想象上门拜访那些孤独的人，但她告诉治疗师，她可以把冷冻的剩余食物带到教会，请他们分发。

对于许多痛苦了很长时间的丧亲者来说，在治疗师的帮助下，他们找到生活的目标和可以参加的活动，其所带来的哪怕一点点的生活乐趣，对他们都是一种启示。甚至尝试找到做事的新方式都能帮助维维安在螺旋上升的过程中逐步向前。在治疗结束之前，治疗师和丧亲者共同努力，加强社会连接，帮助丧亲者在今后的人生中形成或改善善良有爱的人际关系。那位义工是一个活跃的年轻女性，她听不够维维安的人生故事和与丈夫一起环球旅行的故事。她也非常喜欢维维安的厨艺！

复杂悲伤治疗提供了治疗师引导下丧亲者与逝者的想象性对话。在一次这样的对话中，维维安大声说出她对丈夫的爱，也感到丈夫对她同样强烈的爱。“我想，我在病房中时，他爱我如此之深，以致不愿死去，或许我的离开对他是一种祝福，因为他可以如他所需要的那样解脱了。”她对丈夫强烈的爱让她意识到，并不是她的厨艺把他们联系在一起，而是一种永远不会消失的深厚联结。维维安依然给教会做饭，她只是觉得这么做有意义，而不再出于需要给丈夫做饭的强迫性感情。

相对来说，治疗复杂悲伤的受过训练的循证（evidence-based）心理治疗师数量依然很少。除了复杂悲伤的治疗之外，还有一些心理治疗形式具有实证基础，比如暴露疗法（exposure therapy）以及认知行为疗法等。

在欧洲，已有研究表明，有针对性的认知行为疗法也对病人群体有效。丧亲科学在理解复杂悲伤治疗的关键成分方面，以及在理解如何改进方法，使丧亲者的治疗获得成功等方面正在取得巨大进步。

诊断复杂悲伤的难题

精神障碍（mental disorder）和标准化的人类困境具有模糊的边界。当一个人出现幻听，对自己产生不好的联想时，我们可以辨识精神障碍的存在。当一个人过于焦虑，陷入瘫痪，不愿走出家门，我们也可以辨识障碍的存在。当他想不起来自己爱人的名字，精神痛苦到宁愿死去，我们也可以把这些症状辨识为精神障碍。心理学家和研究者正在列举具体的诊断标准，评测患者日常生活中的功能发挥状况，将爱人死亡时间过于久远的病例排除在外，同时透过患者文化的滤镜，看他的反应是否符合常规，以此试图理解和解释失调的悲伤与普遍的人类丧失痛苦之间的朦胧边界。

对于那些之前从未感受过失去爱人的撕心裂肺的痛苦而又正在经历悲伤的人来说，“复杂悲伤”这一术语或许可以提供一种方法，帮助他们表达痛苦的情感。但典型、标准化的悲伤过程也和痛苦相伴，即使它算不上障碍。我担心人们会由于一个共同的问题而使用“延长悲伤”这一术语，即他们强烈的悲伤不可能是正常的，他们悲伤的暗流一直持续，这一情况也不可能是正常的。但是，在正常和自然的情况下，平复悲伤的确需要时间，重建有意义的生活也需要时间。我担心人们会被过度诊断，不光是医护人员，同时悲伤者自身也有可能由于他们身处的文化而无法理解普遍的悲伤过程，从而错误地解释他们的经历。

我看到有人像戴起对他们已逝爱人的忠诚徽章一样，使用复杂悲伤这一术语，描述他们的爱之深。但是与悲伤的普遍本质相连，可以将我们和我们的人类同伴相连。只有在因并发症需要特别干预的病例身上，我们才需要使用复杂悲伤这样的诊断。对于临床医生的我来说，这一术语的提出使我可以向同事和保险公司表明，这个悲伤的人需要特殊的干预才能重回疗愈的轨道。这一诊断使我们可以使用精心准备、经实证验证的心理治疗方法，来帮助那些复杂悲伤的患者走上重回有意义生活的道路。在延长悲伤综合征当中，一种中心现象是对逝者持续不断而又无所不在的渴望。

第6章　对爱人的渴望

与所爱之人分离的时刻，我们感觉心弦被猛烈拨动，就好像快要断了一样。这种依恋联结和绳索虽不可见却非常真实。它们就像柔韧的弹性带子一样，将我们与所爱之人连接，鼓励我们回到他们身边，让我们在分开时感觉若有所失。

在我 20 多岁时，也经历了一次与妻子刻骨铭心的分离体验。当时，我新婚才几个月，而我的母亲住进了临终关怀医院。我们夫妻生活在亚利桑那州，都在读研究生，而母亲生活在我童年的家乡蒙大拿州。就像很多重症患者一样，母亲屡屡病情危急，我经常飞回去看她。因为母亲是英国人，母亲的家人都生活在英格兰，所以我从 18 个月大开始就经常坐飞机，我的童年充满了跨洋飞行的经历。但是，母亲重病期间，我的飞行往往被强烈的情感裹挟，来去之间，生活一团混乱。我开始害怕飞行，每次坐上飞机都恐慌到极点。我会在座椅里摇晃或是轻声唱歌，用这些窘迫的方式来度过飞机着陆或者进入湍流的时光。

1999年12月，母亲最后一次病危。姐姐已经回家，亲戚也建议我回去。我和妻子做出理智的决定，她留在图森，等等看母亲能不能再次转危为安。需要的话，她过几天再单独回去。母亲生死未卜，我却不得不逼自己离开新婚妻子，走进令人恐怖的飞机——那种感觉就像我们之间的纽带被撕裂了一样。尽管这个决定是正确的，我大脑中的所有部件却都向我呼喊，不要离开她。强大的化学物质和神经连接都试图阻止我离开熟悉的安全与爱。虽然我幸运地知道我们将再见，却永远难以忘怀那种强烈的分离之情。

当所爱之人虽然活着，却与我们远离时，对他们的强烈渴望能够帮助我们维护与他们的联结。当我们知道，他们将一去不返，这种渴望就会变得令人难以忍受。人们把极其强烈的悲伤疼痛称为精神疼痛（psychic pain），认为它是超越个体情感的。为什么悲伤会如此疼痛？我的大脑研究探索了这一问题。我相信大脑有强大的手段来产生这种疼痛，包括激素（hormones）、神经化学物质（neurochemicals）以及遗传特征（genetics）等。

再问一次你是谁

在回答为什么失去所爱之人如此痛苦这一问题之前，我想先说些题外话，关于大脑是如何辨识那个特定的爱人的。大脑在弄清我们会因为离开谁而感到难过的过程中，遇到了一个有趣的问题。对我们大多数人来说，在单调的日常生活中，下班回家并不需要太多的思考。但是记住我们每晚与谁相伴，大脑却需要一定的内存空间。大脑需要记住它需要回家与之共度夜晚的正是这个特定的人，而不是那个偶然看到的漂亮家伙。你所爱之人的面容会有变化，在你们相爱的那一天和 10 年后，或者 20 年后都会有不同。但是我们非常肯定，这个人是我们相遇厮守的同一个人，或者是我们生之养之的同一个人。实际上，被称为“梭状回”（fusiform gyrus）的整个大脑区域专门负责记忆人脸和辨别并记住谁是你的人。神经科学家确定“梭状回”有此功能是因为那些因中风或大脑受创，影响到这一区域的人失去了辨认熟悉人脸的能力。这种状况被称为脸盲症（prospopagnosia），它使人们无法辨认人脸，即使是熟悉如丈夫或妻子的脸。

从 20 世纪 90 年代末以来，梭状回区域负责辨认人脸的这一观念，或者叫人脸特异性假设（face-specificity hypothesis）引发了大量争论和研究。而另一个可供选择的假设，即专长假设（expertise hypothesis）起源于心理学家苏珊·凯里（Susan Carey）和神经科医生莉亚·戴蒙德（Rhea Diamond）所做的实验。专长假设认为，这一大脑区域或许专门负责辨认一个类别当中的任何特例，如汽车中的迷你库珀（Mini Cooper）汽车或者是1957年产的雪佛兰车。可以想象，这一脑区可以被调整，以适应专家辨认特定类别的需要，如汽车爱好者或长期狗狗秀评委。这些专家需要在汽车或狗这样更大的类别之下，做出精微的区分。专长假设提出，尽管梭状回在观看人脸时会被特别使用，这只是因为人类都是辨别人脸的专家。人类需要在许多不同的场合，根据不同的光线条件和不同的角度辨认特定的人，正像狗狗秀专家需要在一个物种中辨别特定的动物一样。辨别人脸的训练，让我们都成为人脸专家。这一训练甚至早在婴儿时期就已经开始。当我们的照顾者把我们抱在怀中，我们可以相隔20~30厘米的距离，清楚地看清他们的脸，这时的视觉是最佳的。我们的社会生活需要我们在成长和成年时期时刻研究人脸。梭状回的功能仅仅在于辨别人脸，还是可以辨别任何物体类别当中的特例，这一问题尚无定论。

尽管如此，有充分的理由可以认为，这一特定大脑区域是从人出生开始就可以辨识人脸的。部分证据来自于这一事实，即大脑中梭状回受创的人，也就是无法辨别人脸的脸盲症患者，依然能够区分其他类别的单个物体。与此同时，大脑受创，但梭形回无损的人无法专业地辨别物体，但是仍然可以辨识人脸。例如，一位被标识为“CK”的病人，受到了闭合性颅脑损伤（closed-head injury）。人们对他进行了识别能力（recognition ability）测试。CK 收集了上千种玩具士兵，他抱怨说自己再也无法区分古亚述士兵、古罗马士兵和古希腊士兵，更别说识别同一支军队的具体士兵了。但是，他对亲朋好友的人脸识别能力却仍然像其他人一样强。

在第 4 章描述的我们对悲伤的第一个神经成像研究中，与看到陌生人的照片不同，当丧亲的被试看到他们所爱之人的照片时，他们的梭状回会被激活。可能我们会仔细研究我们为之悲伤的爱人的脸，而这样做依赖这一大脑区域。重要的是，人们在看到那些提示他们已逝爱人的文字时，并不使用这一脑区。这说明该区域专门负责识别人脸，而不仅仅是提示某人。

单身田鼠寻找伴侣

我们已经证实，大脑可以识别我们所爱之人是谁，那么下一个问题就是，为什么我们会一次又一次地回到所爱之人身边，以及为什么当我们不再能够找到他们时，会如此伤心？实际上，借助研究一种叫作田鼠（voles）的特殊啮齿动物，关于大脑如何促使我们采取这种寻找伴侣的活动，我们已经了解甚多。田鼠有两种不同的种类。大草原田鼠（prairie voles）广泛生活在北美平原上，而山地田鼠（montane voles）生活在美国和加拿大西部的高海拔地区。让科学家们对这两种哺乳动物产生兴趣的是，尽管它们基因相似，但是大草原田鼠是一夫一妻的，而山地田鼠是一夫多妻的。流行媒体上已经有太多关于这些毛茸茸的小动物的联结的报道。从 2007 年以来，科学家也开始关注，当田鼠面临和它们的伴侣永久分离时会发生什么这一问题。

对一夫一妻的大草原田鼠来说，当它和另一只田鼠相遇，经过一天意乱神迷的交配，它俩都完全改变了，它们会忽略其他田鼠，乐于互相陪伴，共建爱巢，并最终在抚养下一代上发挥同等的作用。这是一种终身的伴侣联结（pair bond）。田鼠的寿命大约是一年，而在人工饲养时，它的寿命可以达到三年。神经科学家拉里·杨（Larry Young）和汤姆·因泽尔（Tom Insel）凭直觉认为，建立联结之后的永久变化与大脑中所释放的两种激素有关，即催产素（oxytocin）及其化学物质近邻抗利尿激素（vasopressin）。因泽尔后来成了美国国家精神卫生研究所（National Institute of Mental Health）主任。为了测试这两种激素是否对于联结的神经发展具有关键意义，他们在两只田鼠交配的第一天阻止了催产素的产生。两只动物依然会交配，但是它们不再对对方产生偏爱，也没有形成伴侣联结。在另一个实验中，研究者将大草原田鼠放到一起，但是阻止它们交配。他们给母田鼠注射催产素，给公田鼠注射抗利尿激素。这样，它们虽然未曾交配，但是却形成了长期的伴侣联结。通常，和大草原田鼠相比，山地田鼠更喜欢独居，它们也不会形成长期的配偶偏好。他们给这些山地田鼠注射同样的激素，并尝试使它们发展伴侣联结，但是不起作用。一夫多妻的田鼠依然没有和对方形成伴侣联结。这就是大脑区域的不同在起作用。尽管大草原田鼠和山地田鼠都有这些激素的受体，它们在这两类田鼠大脑中的位置稍有不同。和山地田鼠相比，一夫一妻的大草原田鼠在大脑中被称为伏隔核（nucleus accumbens）的区域有更多的催产素受体。在本章的后面，我们将会看到，伏隔核区域作为大脑中的一个区域，对于人类伴侣联结的形成也非常重要。

锁与钥匙

催产素和抗利尿激素并不是支持伴侣联结唯一重要的神经机制组成部分。这些激素或者说化学物质相当于大脑中“锁与钥匙机制”（lock-and-key mechanism）中的钥匙（key），而催产素和抗利尿激素的受体相当于锁（lock）或钥匙眼（keyhole）。受体数量可能由于各种原因而有所不同，取决于动物物种、动物个体以及它们对生活中事件的反应。催产素有可能充满大脑，但是如果没有足够的催产素受体，那么催产素“钥匙”将无法“插入”。催产素的数量再多，也无法对神经元之间的连接产生任何影响，也就无法对思想、感情和行为产生任何影响。

化学物质和受体是由基因（genes）形成的。基因是创造身体中所有物质的“菜谱”。然而，酶（enzymes）阻碍了一些“菜谱”在任何特定时候的创造。这些酶参与了表观遗传过程（epigenetic process），“表观”（epi）是“接近”（near to）的意思。酶就像“菜谱”外面的包装纸，将“菜谱”部分地封闭起来，这样创造出来的基因菜谱就会减少。在某些条件下，这层包装纸会被去除。对于大草原田鼠来说，这些特定的系列条件就是和新找到的毕生唯一挚爱的第一次相处和交配。交配将释放激素，使田鼠大脑充满催产素和抗利尿激素。基因“菜谱”外面的酶包装纸将被去除，更多的催产素受体将被制造出来，催产素钥匙啮合的锁的数量将会增加。在田鼠观看、嗅闻、触摸它们新的爱人并与之互动时，这一切都会发生，因此，新的神经连接和联系都指向这个特定田鼠的形象、气味和感觉。我敢肯定，对两只交配中的田鼠来说，地球仍然在转动，而时间静止了，但这更难测量。

通过一些聪明的实验，我们了解到这就是联结（bonding）运作的方式。研究者在两只大草原田鼠第一次相处时，在它们的伏隔核中注射了一种药物。其中一次实验禁止它们交配。这种药物会去除“包装纸”，使基因“菜谱”被“解读”为需要制造更多的催产素受体。正像两只田鼠在它们第一次约会时交配所导致的那样，催产素受体增加了，它们形成了伴侣联结。田鼠的在场，田鼠大脑被催产素充满以及催产素受体的增加，一系列条件综合起来，使它们形成了伴侣联结。它们的伴侣在这一过程中必须在场，从而它们对这只特定田鼠的记忆和知识将被刻印在它们的大脑中，刻印在它们生命的表观遗传学（epigenetics）中。

一旦基因“菜谱”的“包装纸”被去除，通常就不会重新包上。因此这一支持改变的联结将长期持续，这是一种永久性的表观遗传改变。像和伴侣的第一次做爱这样的重要经历会决定我们是否会使用我们的基因做出改变（延续以上的隐喻，这就像创造“菜谱”）。如果“包装纸”依然包裹在“菜谱”外面，就不会有很多催产素受体被制造出来，即使基因一直存在。交配会影响其他行为，如想在纽约上东区共筑爱巢，或者一起送你们的孩子去学校。正是这一永久性的表观遗传改变，使我们可以一次次回到这个特定的伴侣身边，将他们认定为我们毕生唯一的挚爱。一旦我们和他们在一起，大脑中的伏隔核就会分泌其他化学物质，来帮助我们维系联结，包括多巴胺（dopamine）和阿片样物质（opioid）等。这些化学物质会使我们在一起时感觉良好。当我们一次次回到他们身边时，不仅能够认出他们，而且会感觉良好。

与我在纽约见面

2015年，我受邀到纽约市哥伦比亚大学参加工作坊。现在已跳槽到科罗拉多大学博尔德分校的神经科学家佐薇·唐纳森（Zoe Donaldson）把一群从不同角度进行悲伤的神经生物学研究的研究者召集到一起。唐纳森等几位研究者研究田鼠，我和其他人则是临床神经科学家。我们每个人都展示了自己的工作，试图将我们的发现介绍给不同学科的研究者。那天晚上我们在曼哈顿一起吃寿司，饶有趣味地继续交谈。我们不知道是否能在啮齿动物身上测量悲伤。唐纳森是这样说的——你怎样才能测量动物对某物缺席的感受呢？这一问题一直推动我们这一小群神经科学家从大脑角度寻找动物和人进行丧亲适应的重要机制。

我在纽约遇到的一位研究者是奥利弗·博施（Oliver Bosch）。他是德国雷根斯堡大学的一位神经科学家。他完成了开创性的工作，观察到当形成伴侣联结的田鼠和它的伴侣分开时将会发生什么。更重要的是，他精细的研究还提供了当田鼠失去伴侣时，它的大脑系统所做改变的更多机制性细节。

正如博施所指出的，从人类到黑猩猩，再到田鼠，对于任何社会性哺乳动物来说，处于孤立状态都是应激性事件。比一般社交孤立更严重的是一种特殊的应激反应，这种反应会在包括人类在内的动物与他们的亲朋好友分开时出现。当田鼠和它们的伴侣分开时，大脑会分泌一种类似于人类皮质醇（cortisol）的应激激素，能刺激啮齿动物皮质醇释放的激素，即促肾上腺皮质释放激素（corticotropin-releasing hormone，简称 CRH）。而当它们经过应激性的一天，夜晚回到家，却没有伴侣来关心它们的时候，它们的应激水平就更高了。通常，田鼠们在某种应激性状态之后，回到它们的巢穴，它们的伴侣会舔吻它们，为它们梳理毛发，以此来安慰它们。我也听丧亲者描述过类似情况。他们说，当他们遇到困难，而他们通常寻求帮助的对象却不可得时，悲伤的应激水平尤其高。

我有幸在德国雷根斯堡大学拜访了博施，他向我呈现了田鼠故事的精彩后续。让我觉得特别有趣的是，田鼠一旦形成了伴侣联结，它们的大脑系统就做好了准备，一旦伴侣失踪，它们就会分泌促肾上腺皮质释放激素。当它们找不到彼此，就会很快分泌皮质醇。为了降低由此带来的应激水平，田鼠会不断寻找它们的伴侣。博施把联结的形成描述为“准备射击”，把分离描述为“扣动扳机”。博施还告诉我，啮齿动物大脑在分离期间促肾上腺皮质释放激素的增加也妨碍了大脑中催产素“锁与钥匙”的正常工作。通常，当小田鼠伴侣重逢，催产素被激活，应激激素就会返回正常水平。而丧亲期间，失去了伴侣的田鼠的生理应激（physiological stress）一直持续。

持续的悲伤

当然，人类的大脑比田鼠要重两磅，和田鼠相比，人类结成联结的系统要复杂得多。类似的原始机制很可能也在人身上起作用，但是它们在很大程度上受到我们巨大且演化了的新大脑皮层的调节和重塑。对我们大多数人来说，和所爱的人在一起，我们会感到安全舒适，因为和我们辨认的特定伴侣的接触会使大脑特定区域分泌化学物质，从而让我们感觉良好。

我们对有人爱的需要，对依恋关系的需要，是非常基础的。如果人们在社交中被孤立，他们早逝的风险就会增加。对我们大多数人来说，可以逐渐以新的不同方式来满足我们对依恋关系的需要。这可以通过加强我们与活着的爱人的联结来实现，也可以通过形成新的关系以及转变和逝者的联结来实现。这些转变了的持续的联结，使我们至少可以通过大脑的虚拟世界来接触已逝的爱人。然而，临床心理学家真正担心的，是那些在丧亲之后似乎无法重拾生命碎片的人，那些罹患复杂悲伤的人。在我的科学研究中，我试图理解这两类人，即坚韧型人群和复杂悲伤人群在面对他们已逝爱人的照片和文字时，是否会有不同反应。另外，是什么妨碍了复杂悲伤患者更加充分地参与他们的生活。

在我的第二个关于悲伤的神经成像研究中，我和加州大学洛杉矶分校的社会神经科学家马修·利伯曼（Matthew Lieberman）、纳奥米·艾森伯格（Naomi Eisenberger）使用了和我的第一个研究一样的方法，请一群被试观看照片和与悲伤相关的词语。我们观察每一位被试，不管他们的适应方式如何，可以发现，结果基本上都是第一个研究的复制。看到已逝爱人的照片和词语，许多被试大脑当中的相同区域会被激活，如深埋在大脑中部的岛叶和前扣带皮层等。这两个区域常常会在遇到痛苦的经历时同时被激活。我所说的痛苦，指的是身体的痛苦。但是在面对情感的痛苦时，它们也会被激活。可能更加准确地说，它们由于悲伤的痛苦非常凸显而被激活，是痛苦的凸显激活了这些区域。这一区分是非常微妙的。但是，从和悲伤的关系角度考虑痛苦是非常有用的，因为有许多人把悲伤描述为痛苦的经历。

在讲述本研究中复杂悲伤和坚韧型丧亲人群神经激活过程的区别之前，让我先来简短地说一说痛苦。通过对大脑的研究，我们发现了大脑将身体痛苦分解为不同组成部分的神奇方式。身体痛苦的一部分是感觉。实际上，对于神经元如何通过脊髓和大脑中的特定区域传递感官信息，我们知之甚多。除了感觉，还有我们可以称之为身体痛苦的受苦（suffering）部分。当我们感到痛苦时，它就会响起警钟。这些警钟是大脑获取我们注意力的方式："嘿，这是重要的！不要再摸那个东西！会造成严重的组织损伤！"你可以把这部分看作痛苦的凸显部分，岛叶和前扣带参与发送这些信息。然而，其实即使我们没有身体的感觉，也依然能感到痛苦，例如，某些社交互动场合令人痛苦，像被某人拒绝或被歧视。现在我们知道，尽管社交痛苦经历的凸显与身体痛苦经历的凸显并没有被编码进完全相同的神经元，编码这两种凸显的大脑区域也是非常靠近的。身体痛苦是一种感觉，身体和情感的痛苦也包括受苦，意识到这一点非常有用。

与众不同的这一个

在第二个悲伤的神经成像的研究中，当我们把所有被试放在一起看，可以发现，每一个丧亲者都会由于悲伤的凸显或者说警钟的响起，导致相应的大脑区域被激活。但是我们也看到，适应良好的坚韧型人群和复杂悲伤人群大脑激活之间的区别。为了把两组人之间的区别归因于悲伤，我们应确保两组人在其他一些方面的相似性。两组人平均年龄应相同，丧亲后经历悲伤的时间应相同，且都是女性。她们都失去了母亲或姐妹（因乳腺癌）。我们想观察这些因为同样的原因而丧亲的人群，所以我们的研究没有包括突然死亡的情况，只针对经过数月患病和治疗后的死亡。

在这一神经成像研究中，我遇到了一些非凡的人。我清楚地记得一位中年妇女，她的姐姐因乳腺癌去世。姐妹俩都是发型师，在同一个发廊工作，工位相邻。她们住得也近，甚至一起度假。虽然在我的研究中，妹妹已婚、有孩子，她的姐姐却是她在世界上最亲近的人。姐姐的死让她心力交瘁。失去了她从小一块长大、一起生活的这个人，她感到不知所措。她一直很珍惜她们的关系，认为自己无比幸运。无论是现在还是将来，她都不可能再遇见一个可以分享过去的人了。没有人能像她的姐姐那样熟知她每一天的生活。她感到由于姐姐的去世，自己生活的价值也受到减损，甚至变得毫无意义。这位女士所经历的正是复杂悲伤。

一个大脑区域将复杂悲伤人群和坚韧型人群区分开来，它就是伏隔核，这一大脑区域也在田鼠形成一夫一妻伴侣联结中发挥了重要作用。伏隔核是以在其他奖励性过程中的作用而闻名的神经网络的一部分，这种作用包括特别想吃巧克力的人看见巧克力图片时的反应。和更加坚韧的人群相比，复杂悲伤人群在这一大脑区域表现出更强的激活。在大脑扫描之前我们采访了被试，请她们在 1~4 的等级中，给自己对已逝爱人的渴望程度进行评级。结果，她们所选择的渴望程度越高，她们伏隔核的激活也越强，研究中的每个人都是如此。我们发现，丧亲之后经历的时间长短以及被试的年龄大小与伏隔核的活化作用没有关系，甚至被试体验的积极情感和消极情感的强弱也与伏隔核的活化作用没有关系。只有渴望的程度高低与伏隔核的神经读数有关。

那些适应不佳的人群，即复杂悲伤人群，会在负责奖励的神经网络中表现出更强的激活，这看上去很奇怪。要知道，神经科学家所说的奖励和愉悦不同。奖励是一种编码，它意味着“好的，我们想要这个，让我们再做一次这个吧，让我们再看到他们一次吧”。一些人类神经成像研究已经表明，当被试观看他们（在世的）伴侣或者孩子的照片时，伏隔核会被激活。就像那个发型师，在姐姐在世时，当她看到姐姐的照片，伏隔核会被激活。那么为什么在复杂悲伤人群中，这种激活的强度更大呢？那些经历复杂悲伤的人群，在看到他们已逝爱人的照片时伏隔核会表现出奖励性激活反应。我们把这一激活反应的出现理解为他们仍然渴望再次见到逝者，就像我们渴望再次见到活着的爱人一样。而那些更加坚韧的悲伤人群似乎不再认为这一奖励性的结果是可能的。

我想在这里说明，渴望暗含着上瘾，而上瘾和我所说的复杂悲伤的情况是不同的。有其他研究者提出，我们或许是对我们的爱人“上瘾”，而在我的经验中，这是对丧亲人群的污名化描述。这一描述也不很准确。让我们思考一下其他的人类需求，比如食物和水。我们会把饥渴描述为一种提供动机的状态，它促使我们去寻找食物和水，但是我们永远不会说某人对水上瘾。我们会说他们非常需要水。口渴是大脑形成的正常动机，用来满足这一基本需求。对我们所爱之人的依恋也是一种正常的渴望状态，能给我们提供动机。渴望和饥渴是非常相似的。

我们的大脑中对所爱之人的深层编码是非常强大的。

编码意味着分离将不可避免地带来渴望。我们的大脑竭尽所能，使我们和我们的爱人联结。它使用的强大手段包括激素、神经连接以及遗传特征等，有时，它们会强大到掩盖我们的爱人已逝这一痛苦而明显的知识。如果一个人像渴望水一样渴望逝者，那么想象他们会如何强烈而生动地想象他们的爱人就很容易了。然而，陷入这样的遐思，却似乎会使丧亲适应变得复杂。在本书的后半部分，我们将对这一话题进行更深入的探讨。

批判性的回望

在科学上，我们需要一组非常类似的被试，但同时，我们也渴望研究结果能够应用于整个人群，这两者之间需要权衡取舍。在我们的第二个关于悲伤的神经成像研究中，被试都是中年女性，并且基本上都是白人。在美国，这并不是悲伤人口的大多数，更不要说在整个世界上了。对我的研究最重要的批评在于，这个神经成像扫描是在一天之内完成的，而这些悲伤的个体拥有许多个日子构成的完整悲伤轨迹。一次扫描的结果如何能代表之前的许多个日子？阐释这一研究取决于推断，但是如果不在悲伤适应轨迹中的多个时间点进行大脑扫描，我们将无法得知这一推断是否正确。

推断是这样进行的。我们从之前的成像研究中得知，伏隔核会在见到活着的爱人时被激活，比如一个人的伴侣或孩子。让我们想象一下，对于我们研究的被试也是如此。在我们遇见他们之前，他们看到自己的爱人时，伏隔核会被激活。在我们的悲伤研究中，那些适应良好的人伏隔核区域已不再被激活，而那些经历复杂悲伤的人群，在看到这些照片时伏隔核依然被激活。推断来自“停止”和“依然”这样的词。依然暗含着时间，但是实际存在的是不同被试在不同研究中唯一时间点的快照。在悲伤过程中，伏隔核的激活发生改变，这一观点符合逻辑的推断。它也符合我们目前理解悲伤的数据和理论，尽管还没有经实证证实。

由于我们对悲伤的神经生物学的理解还处于起步阶段，因此有许多猜测的可能性。在急性悲伤中，大脑使我们了解新环境，对我们的世界做出更加准确的预测，尽管在看到逝者的照片时，依然会有痛苦的情感反应。或许大脑也可以提供我们关于持续的悲伤过程的洞见；或许在神经系统中有通常支持悲伤适应的自然变化。如果也涉及催产素系统，或许那些罹患复杂悲伤的人群有更多的催产素受体，或者他们的催产素受体在不同的大脑区域更加集中。或许正是这个原因，使他们跟活着的爱人产生了非常强烈的联结，这是好事，但是当丧亲使我们必须调整自己，适应没有逝者的生活时，或许同样的与催产素相关的机制会使我们在自己的环境中很难将注意力转移到其他人身上。

一个有趣的可能性是，催产素受体的遗传变化或许会使人们面临着形成复杂悲伤的风险。特定催产素遗传变化与成人分离焦虑之间的关系，以及展现这些遗传变异和抑郁之间联系的几个研究都指向这种可能性。然而，在我们能得出更多结论之前，需要在这一领域对更多的人进行更多的研究。

卓越的系统

大脑创造和维系联结的能力是卓越的。在特定活动中，比如性行为、生产以及哺乳等，一些激素会被释放出来，因为这些激素充满了大脑以及大脑中的受体，这些特定大脑区域的神经元会形成更强的神经连接，在这些经历之后，它们能更好地完成专门的精神功能。这被称为“许可”，因为在这一事件当中释放的激素会给神经元提供许可，去产生更厚实或更茁壮的神经元，或者去产生更多的受体。伏隔核中的催产素则提供许可，加强依恋联结，为你找出这个人（而不是其他人）提供动机。杏仁核中的催产素允许我们更好地辨认他人和控制焦虑。而海马体中的催产素允许我们形成更好的长期空间记忆，至少在老鼠中如此，或许这是为了使鼠妈妈能够追踪它们四处乱窜的孩子。你所爱上的人，不论是你的伴侣还是孩子，都在你的大脑中打开了新的路径。准确地说，并非是激素在这样做。如果你独自一人在房间，即使激素进入你的大脑，这一纽带连接也并不会发生。只有当我们和另一个人互动时，这些改变生命的经历发生了，我们才会将他们的长相、气味和感觉深刻编码和记忆，一遍又一遍地渴望找到他们。

我们的大脑对爱人的深层编码是非常强大的。编码对我们的行为、动机以及感受有强大的影响。编码意味着分离将不可避免地带来渴望。我们的大脑在竭尽所能地将我们与所爱之人联结在一起。大脑使用的强大手段包括激素、神经连接和遗传特征等，有时它们会强大到掩盖我们的爱人已逝这一痛苦而明显的知识。大脑的卓越使我们可以对丧亲人群产生巨大的同理心，能理解他们必须要克服怎样的困难，才能在爱人一去不返的情况下自主生活。他们的适应过程需要亲朋好友的支持、时间的流逝以及相当的勇气，勇敢放弃我们的大脑可能认为是我们最好的部分。幸运的是，我们的大脑有田鼠这样的动物所不具备的其他组成部分。我们可以使用这些部分，来帮助我们应对悲伤中极其强烈的情感，这也是我们下面将要关注的话题。

第7章　拥有区分的智慧

我发现对大脑来说，渴望非常重要。我对于找出渴望到底是什么也越发感兴趣。我开始系统地研究渴望。为此，我设计出一个包含各种问题的自我汇报量表，这些问题描述渴望不同方面的特性。对去世爱人的渴望、恋爱分手之后的渴望以及思乡的渴望，它们是否有所不同？我和许多人一样，对此感到好奇。因此，我和心理学家塔玛拉·萨斯曼（Tamara Sussman）将之称为“不同丧失场景中的渴望”（Yearning in Situations of Loss，YSL）量表。我们谨慎地设置问题，使之适用所有三种场景。例如，一个问题是这样的：“我感觉在失去______之前，一切都如此完美。”这个问题出现在丧亲人群的量表中，每一个人都填上他们去世爱人的姓名。而对于恋爱分手人群，问题是：“我感觉在______之前，一切都如此完美。”对于思乡者，对应的问题是：“我感觉生活在______的时候，一切都如此完美。”

通过这一量表，我们获取了大量信息。从数据上看，至少在年轻的成人中，人们感到抑郁的程度导致他们渴望的产生。但是，对于丧亲人群，渴望与抑郁之间的联系，比渴望与悲伤之间的联系要小。同样，渴望与抑郁之间的联系，也比渴望与思乡（对于离家的人群来说）之间的联系或者渴望与分手后的不甘心（对于被分手的人群）的联系要小。这让我想起，尽管抑郁和悲伤之间有共同点，但是它们并不完全一致。抑郁之人并没有朝思暮想、无比渴望的人或事。抑郁是一种更全局的体验，一种对所有正在发生、已经发生或者将要发生的事丧失希望、无能为力的感觉。

YSL 量表问世后，哈佛大学心理学家唐·罗宾诺（Don Robinaugh）使用这一量表，对寻求治疗的年龄更大的丧亲成人样本的渴望进行了评测。在他的研究中，与渴望更加紧密相连的也是延长悲伤综合征，而非抑郁。渴望的水平并不因性别、种族或死亡原因而有所变化，尽管那些失去了配偶或孩子的人群比失去其他亲属的人群表现出更高的渴望水平。当丧失发生的时间过去更久，渴望程度会有所降低。这说明即使是那些寻求治疗的人，渴望也会随着时间的流逝而有所减轻。由于我们对于人们感觉的细微差别已经提出了具体问题，我们现在可以更好地理解，渴望我们的爱人到底意味着什么。

然后突然，毫无来由地……

罗宾诺也指出，渴望指的是感情和思想，我们所经历的往往是两者的混合。既然渴望如此痛苦，为什么渴望又会如此顽固，为什么我们会在所爱之人去世后，对他们如此念念不忘？我想首先阐述科学家对于渴望的思想已经有何了解，然后回到渴望的感情这一话题。

在感到渴望时，我们所经历的思想有一种独特的性质。让我告诉你们一个我亲身经历的例子。星期天傍晚，我从便利店买好东西回到家，正看着打开的冰箱，想着做点什么……突然，我仿佛看到父亲在厨房里，计划着他极好的晚宴聚会。晚宴邀请镇上的其他丧偶男士来参加，并许诺大家聚会上有烤鸡和吃不完的土豆泥。还有一次，我拿起电话，想告诉他什么……突然，我意识到我已不能再和他对话，他也不会像往常那样，聚精会神、充满爱意地听我说话。

一次又一次地，我们去世的爱人会突然出现在我们的脑海当中。有时，我们正想着什么，他们会突然出现在我们的脑海中，让我们心生渴望。有时，我们甚至不知道是什么触动了我们。实际上，我们首先意识到的可能是悲伤之感，虽然并不清楚地知道悲伤来自何处。精神科医生马尔迪·霍罗威茨（Mardi Horowitz）把这些称为侵入性思想（intrusive thought），描述它们在各种应激反应综合征（stress-response syndrome）中的出现，如爱人去世后或者其他创伤事件之后。他解释说，它们是在这些事件之后的数周和数月中普遍而又破坏性的思想。这些思想最令人心烦的地方在于，它们好像是无意识的。这些不速之客取得控制权，偷走你无所事事、大脑走神的时刻。这些侵入性思想是正常的，并且会随着时间的流逝而减轻。尽管知道这一情况令人心安，但是新的实证研究挑战了我们对于这些思想的一些假设。

侵入性思想是我们对于个体事件和人的记忆，它们突然自发地出现在我们的脑海当中，而非通过我们的有意回忆。这些思想会导致痛苦或悲伤的感情。但是，侵入性思想真的比其他思想更加频繁吗？或者它们只是感觉上更加频繁？

在我为父亲的去世悲伤时，有过许多主动回忆他的时刻。在他去世之后的数周、数月中，我常常主动联系姐姐以及帮助我们照顾过他的亲朋好友，和他们交谈。我们会回忆他在生命的最后阶段说过的话、做过的事，我们每个人关于他的独家记忆，包括他刚开始进入临终关怀医院的情况。有一次，父亲的病床从一个房间被推到另一个房间时，推他的护士没看见走廊里的一个小垃圾桶，一下撞了上去。父亲抬起头，咧嘴笑，以他一贯的幽默说："不愧是女司机！"在他去世后的数月中，我们把这个故事讲了不下100遍。每当在生活中遇到困难，对他无所不在的幽默感的记忆都让我脸上带笑，心中有痛。

在父亲去世后，我经常花时间思考这些记忆，这一事实质疑了心理学家关于侵入性思想的观念。丹麦心理学家多尔特·贝恩特森（Dorthe Berntsen）询问了那些最近经历过应激性生活事件（stressful life event）的人在做白日梦或者大脑走神时的思想。她发现他们都会有非自主记忆（involuntary memory），就像我自发想起父亲在厨房做饭，同时，他们也经常有自主记忆（voluntary memory），就像我主动想起父亲挪病床的故事。尽管非自主记忆更加令人心烦，它们其实并不比自主记忆更加频繁。相比生活一帆风顺时，在经历过应激性生活事件之后，回想起这两种记忆都更加常见。非自主记忆在感觉上更加频繁，只是因为它们让我们更加心烦，或许我们还没有做好准备，接受它们所带来的情感。尽管讲述父亲的幽默故事带来了强烈的感情，但这样的记忆是我有意回想的，所以在情感上做好了准备，而不那么令人心烦。

与非自主记忆相对的自主记忆有其特点，这一特点让我们注意到人类大脑与田鼠这样的动物的大脑之间的一个关键区别。人类大脑比动物大脑多出两磅的大脑皮质，而大部分大脑皮质都位于额头与太阳穴之间的额叶（frontal lobe）当中。人类大脑额叶发达，这是人类独有的，并且它还有很多功能，比如帮助我们调节情感。

请记住，我们获取一段记忆的过程，就像用位于多个大脑区域的许多不同配料烤面包一样。我们会用到大脑中的海马体及其附近区域，因为它们储存某个特定记忆的联想。大脑也访问视觉或听觉区域，从而赋予我们的思想以真实感，让我们产生看见或听见我们所想象的事物的印象。当我们产生自主或非自主记忆时，所有这些大脑区域都会被用到。为了观察这两种记忆的区别，贝恩特森仔细对比了它们在功能性磁共振成像扫描中的表现。和非自主记忆不同，那些单单在自主获取记忆时使用的大脑区域位于最接近我们颅骨的额叶外部。

有意想起某事的能力是一项人类技能。它需要神经心理学家所称的“执行功能”（executive functions），就像一个 CEO，组织和指挥大脑的其他部分完成任务。从很多方面来说，无论是有意识记忆，还是侵入性记忆，大脑产生记忆的方式都是相同的。唯一的区别在于，对于有意识记忆来说，我们额叶的执行控制机制参与进来，指导我们记住这些记忆。

请试着回忆你的大学毕业典礼，或者第一个孩子的出生，或者你婚礼当天的情形。你很有可能会在这些事件发生之后的数周、数月甚至数年里不由自主地想起这些事，甚至在你不打算想起它们的时候。很有可能，这些精彩的记忆会在你做某件无聊的事情或者看见什么时突然浮现在你的脑海里。侵入性思想会因为情感特别强烈的事件而产生；而并非只会因为特别负面的事件而产生。因为负面事件的侵入性记忆让我们心烦，我们担心这些不请自来的思想对于我们精神健康的影响。但是在大多数时间里，尤其在急性悲伤中，侵入性思想只是我们的大脑为了从一些重要而情感强烈的事件中学习而自然会做的事。

从大脑的角度来看，我们的大脑一遍又一遍地回顾我们关于丧失的思想。对于重要的积极事件，大脑也会这么做。当我们的思想和情感猝不及防地转为悲伤，这依然是令人不快的。但你的大脑不断想起这些思想和情感，以便理解发生了什么，就像你向朋友讲述这些记忆和故事，以便更好地理解它们一样。当你这样想时，这些侵入性思想的发生就感觉更正常了：你的大脑这样做是有理由的。它们看上去更像是一种功能，而不是一个表明你没有处理好自己悲伤的迹象。

记得不把孩子遗忘在车里

非自主记忆每时每刻都会出现。如果你刚刚经历了一次创伤，非自主记忆会出现得更多，但是实际上它们在任何一天都会出现。在事件的正常发展过程中，你的大脑会受到特定记忆或对未来猜测的任意侵入，而不必经过你有意识的允许。

如今，你会隔多长时间想到你的配偶或孩子？你会不时想起打算放进你女儿背包的午餐钱吗？你会记得给妻子发短信，询问她和新老板的会面进行得如何吗？我们的大脑一直不断地给我们提示。大脑这一器官生来就是产生思想的，就像胰腺分泌胰岛素那样。这些来自我们大脑的推送通知，在我们走神的时刻侵入我们的意识，帮助我们记起那些最重要的事情。比如，这就是我们在完成便利店购物这样不经大脑思考的任务时，能够记得不把孩子遗忘在车后座的原因。

我猜想，就像在我们的共同生活中，我们会自发地想起我们的爱人一样，在爱人去世后，我们仍然将不时想起他们。然而，丧亲期间，这些同样记忆的出现会给我们带来悲伤的阵痛，让我们措手不及。在我们走神的时候，我们的大脑依然会想起我们的爱人，想给他们打电话或发短信，但现在这已经不可能了。从大脑的角度看，这些侵入性思想或许不那么令人担忧。或许关于你的配偶、孩子和最好的朋友的侵入性思想会一直出现。现在既然他们已经去世了，这些思想的情感影响会有所不同，但是，对爱人的思念正是我们之间存在关系的证明。你会想起他们，因为他们对我们来说是重要的。一个人的去世，并不会立刻改变这一情况。大脑仍然像往常那样给我们推送通知。它必须赶上变化。你并没有发疯，只是处于一条学习曲线的中间。

你有多种选择

下面让我们回到渴望的感觉。想象一下，你是一位年轻的寡妇，在送孩子去学校之后的早晨，孤零零坐在早餐桌前，独饮咖啡，想念那些你和丈夫共享早餐的时刻，那些你永远不会再有的早晨。这是渴望的一个经典案例。渴望的最基本形式是想要那个人再次出现在我们身边。大脑产生了关于缺席之人的精神再现和想法，这种想法产生了渴望的感觉，渴望他们留在我们身边。思想和感情共同构成渴望，共同形成一种有动机的状态。然而，动机可以让我们做各种不同的事情。

为了回应这些思想和感情，一种可能性是那个年轻的寡妇把咖啡杯摔在地上，夺门而出，决心再也不在那张桌子前坐下了。这会是逃避的一种戏剧性表现。逃避既可能体现在行为上，逃避那些让我们想起关于爱人或死亡的场景，也可能体现在认知上，试图压制我们关于那个人或悲伤的任何想法。另一种可能性是沉迷于对你丈夫的幻想难以自拔：想象他的外貌、他的大笑以及他端起咖啡杯的样子。想象他就在你身边，看着你，这或许能给你带来安慰。你或许会听到他正对坐在那里，悲伤不已地自己说话。他是否会走到你的椅子后面，伸开双臂抱住你？他是否会告诉你该去活动了，毕竟时光不等人？

第三种可能性是你的思绪回到他去世的那个夜晚，就像你已经无数次做过的那样，细致地回顾他去世的每一个细节。那天晚上，你把他送到医院，因为他整晚都说胸痛。你突然意识到他脸色苍白、大汗淋漓。你怎么没想到他可能得了心脏病？为什么没在意他从晚饭开始就说有烧心的感觉？为什么没有坚持早点带他去医院？他为什么一直没戒烟，即使医生告诉他，这会增加他得心脏病的可能性？你为什么没有强迫他戒烟？如果你能更加坚持或者更早地行动，他或许就不会死。

在通过幻想回应渴望的例子当中，你的大脑策划了一种经验的模仿，一种可能发生的虚拟现实，而非你孤零零坐在那里的现实。通过想象“如果……就好了”

（what ifs）的方式，你的大脑策划了另一种现实，完全不同于实际的现实。在这样的虚拟现实中，他就在此地。在这样的另一种现实中，他没有去世。此刻的真实生活与你大脑中想象的生动画面形成鲜明对比，愈显惨淡。在急性悲伤中，这些对于悲伤阵痛的回应是常见和完全正常的。当然，还有很多其他可能的反应，比如在孤独的早晨给朋友打电话，或者为了转移注意力而去跑步。

实际上，悲伤的双过程模型已经阐明，健康的悲伤包括许多不同的反应。它们适合不同的场景、不同的时间段，有助于实现不同的目标。如果你必须去工作，那么或许把杯子摔到地上，结束遐想，离开屋子，并非最坏的选择。这会是从丧失导向的应对向日常生活振荡的一个例子。打电话向朋友求助，加深你与一个你信任并关爱你的人的关系，可以是从丧失导向的应对转向重建导向的应对的一种振荡。这反映了这位朋友在你现在和将来的生活中的重要性日益增加。沉思爱人去世当天的细节或许可以看作探索丧失导向应对的例子，可以使那一天真实发生的一切越来越深地进入你的知识库。重要的是意识到拥有应对渴望的多种方式的益处，只要这些方式不仅在此刻，也在更长期的适应过程中符合情景需要，并且有助于实现你的目标。

灵活性

在对悲伤人群面部表情的研究中，科学家们发现，人们在谈论他们与去世爱人的关系时，表现出各种各样的情感。在对被试的访谈进行视频录像之后，研究者们分析了他们的面部肌肉运动，发现恐惧、难过、厌恶、轻视和愤怒都存在。积极的情感也非常常见：60% 的被试在某个时间表现出高兴，包括眼角起皱，这是“真实”笑容的表现，55% 的被试表现出对生活的兴趣。因为这些面部肌肉运动转瞬即逝，所以丧亲者不一定会在录像的五分钟之内表现出已体验了所有感情。编码这些面部运动的人并不知道被试处于悲伤中，这就防止了他们根据自己的期待对面部表情做出阐释。通常，人在悲伤时感情爆发的频度和强度都会增加，就像提升了情感的整个浓度。我们常常听到悲伤的人说，他们从来没有像现在这样感觉糟糕，或者没想到他们会感觉如此糟糕。

这样的感情强度迫使我们去处理这些新的经验。调节我们的情感成了日常生活的必要组成部分。心理学家和我们的亲朋好友经常会对最好的应对方法有强烈的意见。直面自己的情感，理解自己的情感，一直被认为是好的应对策略。压制自己的感情或者逃避那些带来情感的思想则被归为不好的应对策略。然而，最近的研究表明，事情并不是这样简单直接。

精神健康状况良好的表现，是掌握大量的情感处理策略，并且能在正确的时候使用正确的策略。在悲伤的初始阶段，情感强度过高可能会让人精疲力竭。在一些时候，忽略我们的悲伤，从而给我们的大脑和身体放个假，甚至给我们身边受到我们情感传染的人放个假，是非常合理的。分散注意力和否认悲伤有其可取之处。相比询问什么是最好的策略，更合适的问题可能是，在某个时间点或特定场景中，使用某种特定的策略是否会适得其反。

相比那些能更坚韧地适应悲伤的人，我们当中那些罹患复杂悲伤的人在以缓和的方式表达感情方面，可能会遇到更大的挑战。这意味着，对他们来说，平静下来或者研究我们的感受，以便更好地理解发生了什么，会更加困难。归根结底，这要求我们对感情采取更具灵活性的方法。当我们处理感情不够灵活时，或许会感到麻木或者无法描述我们最真实的感受。这两种模式都会阻碍我们与身边的人相连接的能力：如果你感到麻木，或者无法表达你深深的悲伤，你就不太可能得到你所需要的帮助和安慰。

如果我们绝对不允许悲伤的感情出现，不肯思考它们，接受它们，或分享它们，它们或许就会一直影响我们。每个个体都是不同的，也没有通用的悲伤适应准则。但是采用灵活的方法，在处理情感问题时保持开放的态度，会为我们提供调节自己情感的最佳机会，使我们的生活充满活力，富有意义。

生活的光明面

假设有四位丧亲者，第一位丧亲者选择和朋友一起参加聚会，第二位丧亲者决定待在家里观看最爱的电影，第三位丧亲者和家人在一起讲述逝者的故事，第四位丧亲者在日记中记下他们的悲伤。这四位丧亲者当中，你最想与谁见面？你与哪位最相似？你觉得这四位丧亲者所从事的活动是否合适？你觉得他们在参加完该活动后会感觉如何？

这些问题来自加州州立大学海峡群岛分校的社会心理学家梅丽莎·索恩克（Melissa Soenke）和亚利桑那大学社会心理学家杰夫·格林伯格（Jeff Greenberg）的一项研究。如果你更喜欢后两个人，认为他们所选择的活动更加合适和有效，那么你和大多数该研究的被试一致。这后两个人在爱人去世后直面消极情感的活动，通常被称为“悲伤的工作”。在西方世界，它们通常被认为是最好、最合适、最有效的悲伤应对方式。出人意料的是，参加那些常常会带来积极情感的活动，比如聚会或观看娱乐节目，实际上在减轻悲伤方面更为有效。

用积极情感“抵消”消极情感之所以行之有效，是因为积极情感会改变认知和生理状态。积极情感可以拓宽人们的注意力，激发创造性思维，帮助人们获得更多的悲伤应对策略。心理学家芭芭拉·弗雷德里克森（Barbara Frederickson）和埃里克·加兰（Eric Garland）把这一现象描述为由积极感情引发的向上螺旋运动。在索恩克和格林伯格研究的第二部分中，丧亲者写下他们的丧失故事，然后观看一部电视情景剧当中的搞笑片段，猜一个字谜或者观看一部流行电影当中的悲伤场景。在被试完成全部活动后，他们对自己此时的高兴、悲伤以及与内疚相关的情感进行评级，再把这些评级与他们在实验开始时所做的评级进行对比。和弗雷德里克森和加兰的研究数据一致，观看搞笑片段减轻了回忆悲伤事件引发的悲伤情感，而进行不带感情色彩的或悲伤的活动没有这样的功效。尽管参与改善心情的活动是有效的，但是丧亲者往往不愿意参与这样的活动。

我们在悲伤时往往选择不参与改善心情的活动，这至少有两个原因。首先，做好玩的事情被认为是“不正确的”处事方式，因此我们会担心其他人怎么考虑我们的选择。其次，我们预料，在一段悲伤的经历之后，做愉快的事会让我们感到内疚。当我们违反社会常规或期待时，常常会感到内疚。然而，尽管人们预料他们会为做好玩的事情感到内疚，但研究中没有人在观看搞笑视频片段后真的感到内疚。对内疚的预期，而不是真正的内疚体验，会阻止人们参与愉快的活动。人类在预测他们在未来场景中的感觉方面表现不佳，这一发现得到了其他研究的支持。

我并非认为，当我们失去爱人时，应该为了改善心情而去参加一个接一个的聚会。正像我之前所提到的，采取灵活的方法是有益的，比如思考发生了什么，感受我们所处情况的严重性，表达我们的愤怒或悲伤，试图理解我们的人生故事发生了怎样的改变，等等。但是现在我们知道，改善心情的活动本身也是有益的。我们或许会允许自己做一些好玩的事情，甚至鼓励我们丧亲的朋友和爱人这样去做。无论如何，它是我们悲伤应对策略的另一选项。

照看丧亲者

如果你照看的人陷入悲伤，灵活地对待情感对你也很重要。对于丧亲者的爱人来说，挑战在于接受我们所关心的人会给我们带来伤害这一现实。而对悲伤者本人，挑战在于接受他们的爱人已经去世这一现实。照看丧亲者是令人心痛的，但悲伤是生活的一部分。这个时候，你亲爱的朋友、配偶或兄弟姐妹必须直面人必有一死的痛苦现实。做个类比，如果我们看见一个孩子，擦破膝盖摔倒了，我们会跑过去把他扶起来，亲吻并告诉他，膝盖会愈合，因为我们知道这种疼痛最终会消失。或者我们会检查一番，然后笑着对他说他摔得不轻，鼓励他爬起来继续玩。如果你对身边正经历悲伤的人怀抱同情，或许也可以安慰或鼓励他们，根据时机灵活地做出反应。

如果你正在倾听悲伤的朋友说话，想给予他们支持，并帮助他们赶走悲伤，而他们不顾你的关爱，一直悲伤下去，你一定会感到沮丧。当然，对擦伤膝盖这样短暂、相对会较快结束的事件怀抱同情，与对可能需要数周、数月甚至数年才能恢复的悲伤怀抱同情，这两者是有区别的。在后一种情况下，给予对方支持、爱和关心依然是重要的，但不是因为这样做会带走他们的痛苦，而是因为通过见证、分享和倾听他们的痛苦，他们会感受到被爱，我们会感受到对他们的爱。在任何特定的时刻，我们或许依然需要判断，在他们哭泣时抱紧他们，或是鼓励他们站起来继续玩，哪种做法更明智。因为面对强烈的感情，灵活的方法最有用。

作为悲伤者的朋友，我们的挑战在于持续地提供爱，同时在社群中为自己寻找支持。这样做是重要的，因为照看痛苦的人从很多方面看都是应激性的。或许你会为自己没有被悲伤淹没而感到内疚，不知道为什么这样糟糕的事情会发生在他们身上，而不是你身上。或许你也感到悲伤，但是你悲伤的爱人或许无法给你提供立刻的支持。或许你会感到不公，因为他们得到了所有的注意力。在这种时刻，我们想说“但是我也悲伤啊！”，而不是去关爱他们。如果有耐心，我们会认识到，给予我们悲伤的朋友所需要的关注和爱是一回事，而同时寻求我们所需要的关注和爱，抚平我们自己的伤痛是另一回事。

安宁祷文

渴望、愤怒、怀疑和抑郁的情绪，都会在爱人去世后随时间的流逝而减轻。这些感情的发展不按阶段进行，人们会在事件发生多年后依然体验到这些感情。但是它们发生的频度会随着我们接纳频度的增加而减少。接纳可以被理解为一种学习形式：了解到新的现实将长期存在，我们可以应对这一新的现实。

重要的是我们为何念念不忘。重要的是我们如何应对所感所想。我们处理大脑每时每刻所感所想的方式会对应对悲伤有帮助。这些洞见让我想起“安宁祷文”。这一求助恳求包含一种内在意识，即我们必须灵活处理我们所面临的考验。

上帝啊，请赐予我安宁，去接受我无法改变的事物；请赐予我勇气，去改变我能够改变的事物；请赐予我智慧，去区分这两者的不同。

我们无法改变人必有一死的事实，无法改变伴随丧失而来的痛苦，无法改变侵入性思想和悲伤的阵痛。但是如果我们有勇气，我们或许可以学习，用更高超的技巧和更深刻的理解去应对这些我们无能为力的情况。当然，挑战在于获得区分这两者不同的智慧，学会何时停下反思，何时勉力向前。神秘而又强烈的悲伤之感需要智慧来化解，而智慧通过经验获得。我们向所爱之人寻求智慧，也可以向精神或道德价值观寻求指引。最终，我们通过在每一天的新经验中学习，等待自己的大脑产生出辨别最佳行动路径的智慧。

了不起的我

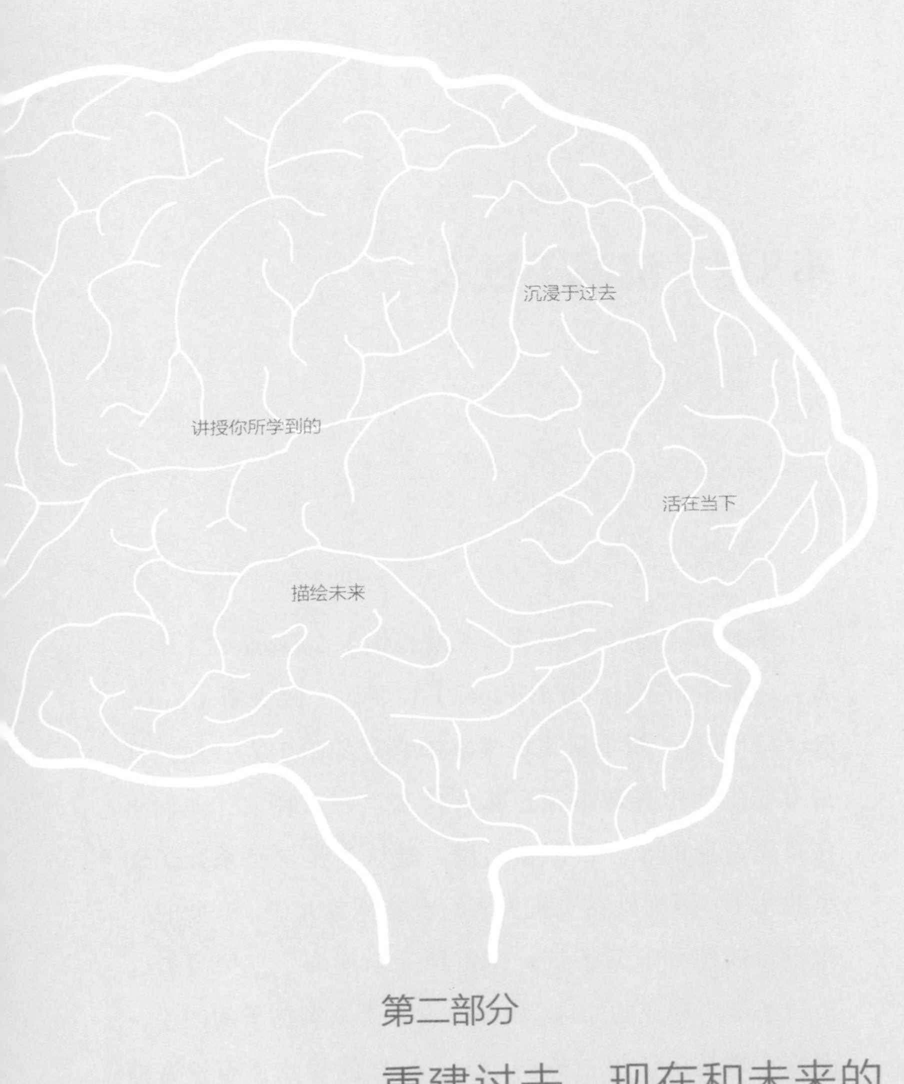

第二部分

重建过去、现在和未来的有意义生活

第8章　沉浸于过去

在 1993 年的美国电影《无所畏惧》（*Fearless*）中，杰夫·布里奇斯（Jeff Bridges）和罗西·佩雷斯（Rosie Perez）饰演了两个从飞机失事中幸存的陌生人。他们都努力在生活中弄清幸存意味着什么。一天晚上，他们坐在布里奇斯的车里，佩雷斯说，她认为是自己杀死了幼小的儿子，因为她在飞机失事时没能抱紧儿子。开始时，布里奇斯感到非常苦恼。佩雷斯完全崩溃了，哭泣着，祈祷圣母玛利亚的原谅。她深信自己是杀害孩子的凶手，而她本来是应该保护好孩子的。这样的想法让布里奇斯不知所措。布里奇斯下了车，不加解释地让佩雷斯坐到汽车后座上，系好安全带。他从后备箱里拿出一个长方形且锈迹斑斑的工具箱，把它放到佩雷斯的怀里，请她抱紧工具箱，想象这就是她的孩子。在一场类似自杀的驾驶中，布里奇斯开车带佩雷斯穿过一条空荡荡的小巷，驶向一面水泥墙，速度表的指针向上滴答作响。他告诉佩雷斯，要她紧紧抱住孩子（工具箱），以增加救下孩子的机会。佩雷斯完全沉浸在类似飞机失事的场景中，亲吻着工具箱。飞驰的汽车撞到墙上，生锈的橙色工具箱像一枚火箭，砸破汽车的前挡风玻璃，甩进煤渣砖墙，钢质金属化为碎片。佩雷斯立刻完全明白了，她永远不可能抱住孩子，救下孩子。通过这种沉浸式体验，她意识到实际上发生了什么，以及现实与她的看法之间的差异。

心理学家将我们关于本来可能发生的事情的想法称为反事实思维（counterfactual thinking）。反事实思维通常涉及我们在导致所爱之人的死亡或痛苦的过程中扮演的真实或想象的角色。在我们的脑海中活跃着一百万个“如果……会怎样”的假设。如果我这样做了，他绝对不会死。如果我没有那么做，他绝对不会死。如果医生这样做了，如果火车没有晚点，如果他没有喝最后一杯酒……可能的反事实数量是无限的。它们的无限本质给了我们无尽的思考，我们反复考虑，在脑海中一遍又一遍地回味那个场景。

具有讽刺意味的是，反事实思维创造了无数本来可能发生的场景，却既不合逻辑，也对我们适应真实发生的事情毫无益处。然而，我们的大脑仍在进行反事实思维，这可能是有原因的。有人会说，大脑是为了试图弄清如何避免未来的死亡，但实际的情况可能比这更简单。我们的大脑不断专注于对现实的无限可能的想象，从而感到麻木，或者忘掉这个人再也不会回来了的痛苦现实。即使当反事实思维包含内疚或羞耻的痛苦体验，比如相信我们杀死了自己的孩子，我们的大脑似乎仍然更喜欢反事实思维，而不是我们的所爱之人已经不在人世这一可怕而令人心痛的真相。或者，思考这些反事实会成为一种习惯，一种对悲伤的阵痛做出下意识回应的方式。尽管我们正在用痛苦的内疚交换同样痛苦的悲伤，但内疚至少意味着我们曾经对局面有一定的控制力。相信我们曾经有控制力，即使我们没能使用这种控制力，也意味着世界并不是完全不可预测的。在一个可预测的世界里失败，得到不好的结果，这种感觉要比得到不好的结果，却找不到明显的原因要好。

反事实思维不合逻辑的本质可以像几何证明一样得到展示。人类在“如果……那么”（if...then）陈述中常犯一个错误。“如果”部分称为前件，“那么”部分称为后件。逻辑学家使用如下树形图（图 8-1），来找出反事实思维的逻辑错误之处。在第 7 章年轻寡妇的例子中，她知道丈夫去世是真的，也知道他们在午夜时分去了医院。她下意识地想要相信，因为一个前件（去了医院）与一种结果（他死了）相关，另一个前件（早点去医院）肯定与另一种结果（他不会死）相关。但这种诱人的逻辑并不符合实际。如果他们晚上早点去了医院，他不一定会死。当然，这是一种可能性。但也有可能，他尽管去得更早，还是会死。我们可以无休止地考虑什么可能是真实的，或者我们希望自己生活其间的反事实世界。

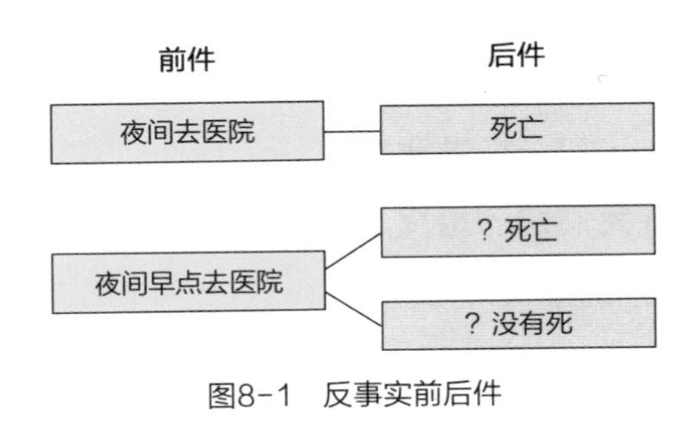

图8-1　反事实前后件

有些人可能认为，只有像美国影片《星际迷航》（*Star Trek*）中的生化人达塔（Data）才会用这种方式考虑爱人的去世。我曾经和一位临床医生谈论过反事实思维，他治疗过许多延长悲伤综合征患者。他认为，挑战那些让病人感到极度内疚的想法是有帮助的。然而，他也说，一直让他惊讶的是，在治疗中，用暴露疗法回顾死亡场景，通常会让“要是……就好了”（if only）的想法逐渐消失。其中的逻辑不言自明。对死亡的记忆或对所爱之人已真的不在人世的认识会带来强烈的悲伤、无助之感或存在性孤独感。培养忍受这些情感的能力，会使不断出现的“如果……会怎样”假设变得没有必要。

沉思

对我们中的一些人来说，走神的大脑会陷入担忧（worrying）或沉思（ruminating）。在担忧和沉思的同时，我们也在想象另一种现实，就像在反事实思维中创造“如果……会怎样”假设一样。沉思集中在过去发生的事情上，比如，沉思我们做错了什么，或者沉思别人是如何对待我们的。担忧集中在未来的事件，它是我们对最坏情况充满焦虑的设想。这些思想过程往往是重复、被动和消极的。心理学家苏珊·诺伦 - 胡克斯玛（Susan Nolen-Hoeksema）将沉思定义为通过将注意力集中于负面感情，从而试图理解负面感情的低落情绪应对方式。诺伦 - 胡克斯玛能够通过识别那些花更多时间沉思的人，来预测谁患有抑郁症，或者谁会得抑郁症。

在上一章中，我说过，回忆关于丧失的记忆，理解我们的悲伤感受会对我们有益。现在我又说这些想法会导致抑郁症，这似乎自相矛盾。事实是，心理学家还不能完全回答处理有关悲伤的想法何时（或在何种程度上）有益，何时无益。研究人员正在积极解决以下悖论：如果你不专注于自己，不专注于自己悲伤、愤怒的感觉，将无法了解发生了什么，以及你为何感到可怕的悲伤。如果你不让自己的大脑走神、陷入沉思，将无法理解发生了什么。但与此同时，这些反思性思想也可能获得自己的生命，当悲伤的人坚持这些重复的想法时，他们往往会产生复杂悲伤或陷入抑郁。虽然我们还没有得到所有答案，但解决这一悖论的途径正变得更加清晰。沉思可以分为两种，诺伦 - 胡克斯玛分别称之为反思（reflection）和忧思（brooding）。反思的一个例子是连续几天写下你的所思所想，分析你的想法。反思是一种有意的内转，通过解决问题，减轻你的负面情绪。另一方面，忧思反映了一种被动状态。忧思是没有打算考虑自己的心情，却发现自己在这样考虑，而且即使当你试着停止考虑自己的沮丧心情，也无法停止这些想法。忧思是被动地好奇，你为何感觉沮丧，或者把你的现状与你认为事情应该处于的状况进行对比。

诺伦 - 胡克斯玛分别研究了抑郁与反思以及抑郁与忧思之间的关系，她要求人们报告他们的思维风格和抑郁症状。在这项研究中，被试接受了两次访谈，两次访谈间隔大约一年。沉思中的反思与同时患有抑郁症相关。但随着时间的推移，反思与抑郁程度减轻相关。另一方面，不论在同时还是以后，忧思都与抑郁程度加强相关。值得注意的是，女性往往比男性更易于沉思，而女性的抑郁程度也更高。女性在反思和忧思方面得分都更高，这表明她们总体上更爱沉思。然而，只有忧思与女性抑郁程度更高有关。因此，忧思是联系性别与抑郁的环节。

我认为忧思与反思之间的细微区别是一个人着重在寻找答案还是在解决问题。寻求答案可能会先于解决问题，但为了感觉更好，我们通常需要尝试解决问题。通常情况下，我们通过确定一种方案来尝试解决问题，即使计划的方案最终不能完全解决问题。为了感觉更好，我们需要在某个时间点停止寻找，停止沉思，停止担忧，而不是在几分钟之后，又回到之前同样的想法中去。然而，有时解决问题会把你带回重复思考的循环中，延长你的悲伤或焦虑，除非你有强大的能力，能持续监控自己的想法，并根据需要改变计划。这听起来像是禅宗大师的任务！然而，我们能够加强技能，将注意力引导到自己的想法上来，并决定我们的想法是否有益。这一技能通常是认知行为疗法的焦点，但对我们大多数人来说，要做到这一点并不容易，尤其处在随丧亲而来的强烈悲伤中。

与悲伤相关的沉思

我在母亲去世后，常常陷入沉思。事实上，在她去世之前我也沉思，但是在她去世后，悲伤的感受给了我很多专注于自己心情的机会。我的思绪会围绕我为什么会感到沮丧而展开。我在想，是否因为她是抑郁症患者，我也容易得抑郁症。或者如果在我小时候她没有得抑郁症，我的人生是否会有不同。她依靠我的帮助来控制情绪，但我总是担心自己无法让她感觉更好。我了解到，当我说她想听的任何话或做她想让我做的任何事的时候，她最容易感觉好一些，至少暂时如此。这常常意味着我不得不忽略我自己所想或所需要的东西。认为自己应该不惜一切代价，帮助她感觉更好，成了一种固定的思维模式。在她去世后，我重复着这一模式：继续忽视自己的感受，努力帮助生活中的其他人感觉更好。我感到低落的原因有无数种可能性，我仔细研究每一种可能性，这无疑延长了我所处的沮丧状态。我在读研究生，正接受培训，学习分析人们的心情和他们的感情产生的原因，但这可能对我没什么帮助。幸运的是，我也学到了许多通过临床心理学改善心情的问题解决方法和技巧，所以我没有一直屈服于沉思的诱惑。

当我们的大脑无法弥合它目前的状态与它所渴望的状态两者之间的差距时，比如目前感觉低落，渴望感到开心或满足，大脑就会陷入沉思。在悲伤中，我们糟糕心情的来源并不模糊，当你像很多人一样，感到伴随悲伤而来的强烈渴望时，这种感觉的原因不言自明。当爱人刚刚去世，与悲伤相关的沉思往往集中在死亡的原因和结果上面。与此相反，在抑郁当中，正如我在母亲去世后所经历的那样，沉思是全局性的。对于正经历急性悲伤的人来说，与悲伤相关的沉思往往集中在所爱之人的死亡或者死亡对我们的影响上面。正如我们之前所看到的，所爱之人的死亡侵入我们的思想，沉思的倾向又延长了我们沉溺于这一话题的时间。

沉思是抑郁的前兆，而与悲伤相关的沉思是复杂悲伤的前兆。正如我们在博南诺的悲伤轨迹当中所看到的那样，在爱人去世前就患有抑郁症的人往往会在爱人去世之后继续抑郁。其他人或许在爱人去世前不喜欢沉思或者没有抑郁症状，但是爱人的死亡或许会开启这一重复性的思想过程。心理学家现在认为，无法停止这些与悲伤相关的沉思，或许正是并发症的一种，它阻碍了人们悲伤期间的典型适应。

正如斯特伯、舒特和他们的同事——荷兰心理学家保罗·伯伦（Paul Boelen）和马尔滕·艾斯马（Maarten Eisma）所证明的那样，与悲伤相关的沉思往往集中于以下五个话题，它们是：1）一个人对于丧失的负面情感反应（反应），2）死亡的不公（不公平），3）丧失的意义与结果（意义），4）其他人对于自己悲伤的反应（关系），以及5）关于死亡发生之前事件的反事实思想（counterfactual thought）（如果……会怎样）。让我给你们举一些例子。通常人们会担忧自己对所爱之人死亡的反应，他们试图理解自己情感的范围和强度，以及自己的反应正常与否。对于死亡不公平的想法，包括感到逝者不应该死，或者不知道这件事为何发生在自己身上，而不是其他人身上。聚焦于死亡的意义指的是思考死亡对你和你的生活的影响。你与亲朋好友的关系常常会受到悲伤和丧失的影响，相关的沉思话题包括他们是否提供了适当的支持，或者你所渴望的支持。“如果……会怎样”的假设是本章开头所探讨的反事实思想。

在英国、荷兰和中国的研究表明，丧亲人群都会陷入对以上这些话题的沉思。他们越频繁地思考这些话题，他们的悲伤症状就越严重。然而，并不是所有这些话题都同样成问题。在与悲伤相关的沉思的研究中，不论在当时还是以后，沉思第一个主题（自己对丧失的负面情感反应，或反应）都会导致悲伤的减轻，至少有研究的结果显示如此。而沉思其他人对自己的悲伤如何反应（关系）以及对于不公平的沉思都与当下以及六个月之后的悲伤加重相关。

所有这些沉思的话题实际上都是无法解答的问题，这也是它们为什么会无限期持续的原因。死亡是否不公正没有定论，因为看待公正与否有许多角度。伴侣之死以何种方式剥夺了你的生命意义或欢乐也没有答案，因为失去爱人带来了无数改变。沉思的诡秘之处在于，我们尽管在沉思，却感觉在寻找事情的真相。这些想法真实与否并不重要，重要的是它们延长了我们悲伤或者烦躁的心情。

请想象一家人正因为儿子的自杀身亡而深受打击。诺拉为哥哥的去世悲伤不已。此外，诺拉还感到家人的行为与她所期待的不相匹配，这让她感觉更糟。她想要家人承认哥哥自杀前所遭受的痛苦，正是这种痛苦让他做出了绝望的决定。她想要家人承认这种悲伤对她来说尤其痛苦，因为她和哥哥年龄最相仿，他们是童年密不可分的玩伴。她的母亲拒绝谈论哥哥，她的表兄妹在她身边时显得尴尬而又不安。关键不在于家人对诺拉的悲伤反应是否应该持更加开放、接纳和理解的态度，而在于诺拉感觉自己被困在无休无止的思想流里，这困境既无法解决，也毫无益处。沉思本身不会自动改善状况。她或许需要进入问题解决模式，比如和她的表兄妹谈论在这样的困难时刻，她需要怎样的帮助，或者减少和母亲待在一起的时间，转而寻找她能敞开心扉一起交流的朋友。诀窍在于不去分辨她的想法真实与否，而去判断她的想法是否有助于问题的解决。

我们为何沉思？

如果沉思是为了弄清发生了什么，以及我们为何感觉如此糟糕，而沉思从长期看对我们的适应并无实际帮助，那么我们到底为何沉思呢？答案或许在于，当我们利用所有认知资源进行沉思时，我们因此会无暇去做别的事情。有时，从事某项活动的无意识动机在于，这项活动通常让我们感觉更好，我们用这项活动来逃避做其他事情。为了调查沉思的动机，我们或许会问，如果不沉思，我们会感觉如何？相比做其他事情，陷入沉思是否让我们感觉更好？

我们大多数人都不喜欢被悲伤淹没的体验。我们感觉有点失控，不知道如果放任自己崩溃，我们是否会再也无法复原。这是痛苦、令人心痛的。斯特伯和她的同事创立了一个非凡的假设：我们陷入沉思，或许是为了将注意力从悲伤的痛苦感情中转移出去。思考丧失和丧失的结果，或许实际上是为了逃避感受（feeling）丧失。斯特伯和她的同事把这称为作为逃避的沉思（rumination as avoidance）的假设。这听起来或许有些异想天开，但幸运的是，这一研究团队做了细致的实证调查研究。下面我将详细介绍。

当某物很难测量，科学家们会想出特殊的技巧来进行测量——这就是显微镜和望远镜的由来。逃避是很难测量的。尽管我们可以询问人们，他们在沉思上花费了多少时间，或者他们沉思的内容是什么，但是直接询问他们的逃避倾向却不合常理。如果大脑逃避的动机是忽略自己的感受，那么作为一种过程，逃避本身或许也会被忽略。然而，在实验室中，特殊的测量技巧使心理学家可以研究自动反应，那些因为太快出现而无法深思熟虑的反应。这些反应是大脑非常快做出的决定，差不多发生在一次心跳的时间。为此，一种测量方法使用反应时间（reaction time），另一种测量方法使用眼动追踪（eye tracking）。为了测试作为逃避的沉思这一假设，斯特伯和她的同事邀请丧亲人群来实验室参加这些关于逃避的测量。

这帮荷兰心理学家——艾斯马、斯特伯和舒特——认为，这一关于逃避的实验室研究，也可以使用我们神经成像研究中图画与文字的组合。他们与我取得联系，我向他们解释了如何创造四个类别的组合，分别为：逝者照片与和悲伤相关文字的组合、逝者照片与不带感情色彩文字的组合、陌生人照片与和悲伤相关文字的组合、陌生人照片与不带感情色彩文字的组合等。为了测量反应时间，他们请被试推或拉一根操纵杆，使屏幕上的照片 / 文字组合大小缩小或增大，看上去照片正在离开他们或者靠近他们。被试推或拉操纵杆所用时间的微小差别可以用毫秒来测量。我们大脑的自动逃避倾向使我们推开一幅照片的速度要比拉近一幅照片的速度快几毫秒。除了这一实验室任务，被试还要报告他们沉思与悲伤相关话题的频度。研究者发现，那些经常沉思的丧亲者推开逝者 / 悲伤相关的文字图片的速度要比那些不经常沉思的丧亲者要快，也比他们推开关于陌生人或不带感情色彩词语的速度要快。这些结果表明，在沉思上花费的时间越多，自动逃避悲伤的倾向越强。

在另一个任务中，研究者在同一组被试观看屏幕上的图画时，用眼动仪测量他们眼睛的微小动作，以确定他们所观看的位置。眼睛实际上是大脑中神经元的延伸，是观察大脑集中注意力位置的窗口。在这项研究中，两幅图画并排出现。那些自称经常沉思的人观看逝者 / 悲伤文字照片组合的时间要比观看屏幕另一边图片的要短。这些研究的巧妙之处在于，科学家无法仅仅通过询问一个人准确找出他的视觉注意力集中于何处。但是数据清晰表明，被试采用推开文字照片，或看向别处等不同方式来逃避回忆丧失经历，而经常性的沉思与大脑逃避悲伤的倾向有关。尽管人们会沉思他们丧失的原因和结果等其他方面，他们却逃避这些让他们想起爱人已逝事实的文字照片组合。

或许你体验过作为逃避手段的沉思，而没有意识到这是一种逃避。你是否有这样的朋友，她重复讲述自己的丧失故事，每次都说得一模一样？她喋喋不休地告诉你，她的经历有多么糟糕，你却感到，在她对糟糕事情的讲述与她在讲述时并不显得很糟糕这一事实之间缺乏联系。她会事无巨细、持续不断地讲，这种仔细的描述正是沉思的过程，一种认知过程。有时，用这种智力的、沉思的方式讲故事，可以使我们逃避体验爱人去世时的感受——这就是作为逃避手段的沉思的含义。问题在于，一遍遍地用这种方式讲故事与发现丧失的意义不尽相同。发现逝者已逝的意义，学会离开他们而生活，会使我们产生强烈的感情，但同时也会帮助我们更好地经历悲伤，将丧失融入我们当下的生活。

沉思是逃避的过程。长期来看，反复回忆无可更改的丧失或悲伤虽然并非有意，却对我们学习容忍痛苦的现实无益。我认识的一些人告诉我，当他们不再试图逃避感受悲伤时，悲伤反而不像逃避时那么难以忍受了。

因为我们目前对于大脑运作方式的科学理解尚不完备，我们不知道人们经常沉思是由于他们大脑区域之间的连接较弱，还是沉思导致了他们神经网络连接的减弱。

正如我们在心理学中常常发现的那样，答案很可能是两者的结合，是形式与功能共同作用的螺旋式下降。然而，螺旋式下降常常给我们提供了介入和创造螺旋式上升的机会。我们可以使用在心理治疗中学到的技能，关注自己的思想内容，将注意力转向环境的外部特征或者做一些能让我们打破沉思状态的事情，从而创造螺旋式上升。比如，那个扔掉咖啡杯，走出房间的年轻寡妇结束了她的沉思，她通过走出房子，有效改变了自己念念不忘的内容。

共同沉思

我最好的朋友陪我经历了人生的所有重要事件，帮我度过了双亲去世的艰难时刻。我们互通了无数封信。从高中开始，除了短暂的相聚，我们从来没有在同一个地方共同生活过。分离使鸿雁往来成为必需。后来，我们使用电子邮件交流。最后，由于时间紧，我们改用电话。在我去英国留学期间，我们的信越写越长，这些信对我也更加重要。出国的那一年我特别抑郁，而书写这些信件就成了我表达所有思想感情的机会。我们在信件中互相吐露糟糕时刻的所有细节。我知道她理解我的言下之意，也能基于对我成长经历的了解与我感同身受。我真的不知道，没有她我会怎么办。

我从来没有想过，这种交流方式可能既有优点也有缺点，直到我读了密苏里大学心理学家阿曼达·罗斯（Amanda Rose）的著作。她研究了这些对话的作用，尤其是在年轻女孩和女人的生活当中。她提出了共同沉思（co-rumination）这一术语来描述这些亲密朋友之间关于个人问题广泛而重复的讨论，这种讨论通常是关于消极情绪的亲密而又强烈的暴露方式。罗斯的研究证明了这些对话有明显优点，就像我和最好的朋友所体验的那样。经历这些对话的朋友加深了他们之间的亲密感和对他们友谊的满意度。另一方面，共同沉思也加重了抑郁和焦虑的症状。通过广泛谈论问题来表达支持或许会对情感适应产生消极而非积极的影响。出人意料的是，这是一个恶性循环。当一个人越是感到抑郁，他就越会求助于这些对话，以便感觉亲密和受到支持。

这一研究并不表明亲密的友谊或者暴露自己的感情是不好的。实际上，罗斯证明，如果我们能把共同沉思排除在外，这样的友谊依然会减轻抑郁。展露我们的内在生活，从另一个人身上寻找支持和鼓励，这样的机会依然是有益的。“魔鬼在细节里”；被动地反复探讨同样的消极感情与解决问题、给予鼓励或建议不同。当另一个人与你感同身受，谈论你的感受会使你感觉正常。然而当消极的感情成为你们最常见的话题，或者当整个世界似乎都与你们作对时，你们就滑向了共同沉思。一段时间之后，我和我最好的朋友以直觉的方式，得出这一相同的结论。她提议我们对于一个特定问题只讨论三遍，如果到那时依然没有任何改变，我们或许可以先做点别的，而不是继续讨论。

接受

写作本书的时候，我有幸在荷兰的乌得勒支大学休了一年学术年假。乌得勒支是一座古老的城市，众多古运河贯穿其间，运河边鲜花盛开，沿河有很多骑自行车的人。我在这所古老的大学与我热情的主人斯特伯、舒特在一起待了一段时间。和其他悲伤研究者共事，对我来说是全新的体验，因为专门从事这一话题研究的科学家并不多。此外，在另一个国家生活也给我提供了接受异国艺术、历史和文化熏陶的机会。乌得勒支以其新教历史和神学追求而闻名。一天，我正在思考新教工作伦理，突然注意到“悲伤的工作”当中的“工作”一词。斯特伯和舒特一直在试图寻找没用的沉思与有用的“悲伤的工作”之间的区别。我突然意识到，或许沉思与悲伤的工作有一个共同的反义词，这个词就是“接受”。我用“接受”（accepting）表示一个人对当下发生的事情的反应，而不是接纳（acceptance），后者意味着看待境遇的方式发生了永久变化。

当我想象直面丧失的场景，而不是接受丧失的场景时，我意识到两者有一个显著区别：它们所需要的努力程度不同。并不是说接受一定是容易的，但是当我们选择接受，会有一定的安宁在里面。接受就好像放下一件很重的物品，即使你完全知道，可能还需要再次举起它。尽管在接受时，你可能不会被你的想法和感情所吞噬，接受和逃避还是感觉不同。逃避依然感觉很费力。逃避的时候，你试图规避死亡已经发生这一认识。或者出于对这些感情的强烈憎恨，你逃避令人窒息的悲伤感情。接受与你是否憎恨爱人已逝这一事实无关。接受仅仅意味着承认现实，停止做出反应。接受是没有陷入沉思，没有解决问题，没有愤怒，也没有抗议。仅仅接受现状。

需要明确的是，在接受某人的死亡与对他们的死亡听天由命之间有一个区别。接受是知道这个人已经不在了，他们永远不会回来，他们的人生故事已无法更改，遗憾和告别都是过去的一部分。接受是不忘记逝者，但聚焦于当下没有逝者的生活。这和听天由命不同。听天由命更进一步，它意味着你的爱人已经不在了，你永远不会再幸福了。听天由命暗示着死亡只带来消极后果。接受仅仅是意识到现实，同时怀抱希望，希望当下的现实可以是有意义或困难的，欢乐或有挑战的。当人们拥有足够的支持和时间的时候，希望是人类心理的一个基本组成部分。

在父亲去世的那个夏天之前很久，我计划了一次为期三周的德国出差之旅。就在父亲去世几天后，我踏上了去德国的旅程。幸运的是，我当时正和同事兼好友金德尔共事，并且和他待在一起。从我们关于悲伤的第一个功能磁共振成像研究算起，我们已经认识 20 年了。他是科班出身的精神科医生兼精神分析学家，对于悲伤和悲伤者非常熟悉。在那次旅行的每天下午，我常常有想流泪的冲动。我的体验就是这样——前一分钟还在笔记本电脑上敲字，下一分钟闸门就会打开，泪水在眼里打转。我没有想到，失去父亲和失去母亲完全不同。失去父亲意味着现在我是无父无母的人了；对我来说，父母在这个世界上都不存在了。我不确定孤儿一词是否适用在一个 40 多岁的女人身上，但是我感觉非常非常孤单。

在这些闸门打开的时刻，我会出去走走，在不影响我的工作伙伴和系里其他人的地方释放自己。德国南部的夏天非常美，这一年也不例外。诊所后面有一片绿树成荫的空地，一条步行小路蜿蜒其中。我会在那里走上 20 分钟。几乎每天，在差不多同一个时间，我都会出去走一走。我开始把这些短暂的哭泣看作夏季午后常常遇到的雷阵雨。太阳温暖而明媚，然后突然来了一场雨。太阳又出来了，给淋湿的树叶和汽车带上光泽。这些夏日的雷阵雨是可以预测的：并不是每天都有，但是常常会有。你会在穿着凉鞋出门之前，记得带上雨伞或是看看天边。诅咒这阵雨是没有意义的，为在完美的垒球比赛或野餐的中间下起雨而心烦也是没有意义的。雨会下，不管你当时正在做什么。我开始用同样的方式看待我的这些午后的短暂哭泣。它们会因为各种原因在下午出现，基本可以预测，不太可能持续，一旦我心头阴云笼罩，我就知道它们即将到来。我会沿着绿树掩映、蜿蜒曲折的小路走到尽头，再回到诊所，通常此时我已经停止了哭泣。我的思绪又回到之前在办公室所写的段落，或者开始为晚餐列购物清单。

接纳的关键不是对你正在经历的一切有所作为，不是询问你感情的意义，也不是关心它们会持续多长时间。接纳的关键不是将你的感情推到一边，说你再也无法忍受。接纳的关键不是相信既然没有人能让你的父母起死回生，既然你永远无法重获双亲，现在的你只能彻底绝望。接纳的关键是关注你在当下的感受，让眼泪尽情流出，然后释怀。接纳的关键是知道你会被悲伤淹没，感到熟悉的哽咽，也知道悲伤会消退。就像阵雨一样。

领悟

我们通过了解人们沉思的话题，完成测量他们的反应时间和眼动追踪等实验室任务，理解了关于走神的科学研究。这一经历让我领悟到，重建有意义的生活，需要将我们的注意力从思考过去灵活地转向思考现在和未来，需要我们能够将思绪从过去的关系转向现在和将来可能的关系，然后再回到过去的关系。我们或许仍然会遐想与所爱之人曾经的共同生活，我们的悲伤轨迹当然不意味着遗忘已逝的爱人。实际上，我们共处的时间以及我们建立联结的经历，在我们的大脑中产生了神经连接和化学结果，使我们永远无法忘怀逝去的爱人。选择花时间想念现在关心的人与遗忘曾经深爱，并将永远爱着的人是两回事。接受的真正含义是我们不会因为沉浸于过去而忽视现在，也不会为了逃避现在而穿越到过去。在下一章中我们将继续探讨，面对悲伤，活在当下意味着什么。

第9章　活在当下

我对丧亲人群做过许多访谈。几年前，一位德高望重的年长男子的妻子去世了。这位男子在小桌边接受了我的访谈。他向我讲述了他们共同生活的暖心故事：他们在高中时相遇，年纪轻轻就结了婚，有两个孩子和美丽的家，幸福美满，相亲相爱。后来，妻子得了绝症，他悉心照料，直到她去世。说到这里，他啜泣起来。然后他告诉我，他最近遇见了一个女人，她和他的妻子截然不同，兴趣爱好不同，性格更加外向。尽管他感觉与她约会有点奇怪，但是和她在一起的时光还是令他充满活力。他停了一下，陷入沉思，然后简单地说："重要的是，我和妻子的过去曾经很美好。"又顿了一下，"我和现在的她也很美好。"

渴望不仅针对过去，针对已逝的东西，渴望也意味着对现状的不满。如果渴望只与过去有关，我们只需在感到渴望时进入对过去的记忆，然后跳脱出来，重新专注于当下正在发生的事情。但当我们悲伤时，当下的痛苦使过去显得更加令人满意。如果现在一无是处，或者我们无法将注意力转移到现在，无法了解现在蕴藏的巨大可能性，那么渴望就更有可能持续。在我之前提到的悲伤、愤怒和若有所失的感情之外，悲伤的阵痛也可能带来恐慌。

恐慌

刘易斯在为爱妻所创作的动人的悼亡书《卿卿如晤》中这样写道："没有人告诉过我，悲伤和恐惧感觉如此相似。"对我来说，在悲伤最严重的时刻，那感觉简直可以称为恐慌。父亲死后，我没有孩子，离了婚，无父无母。在接下来的一年里，我感觉像无根的浮萍，失去了在这个世界上帮助自己找到合适位置的所有依恋。当下常常会让我感到痛苦，尤其在夜晚，我的自动反应是恐慌。我会心跳加速，胡思乱想，甚至因为烦躁不安，从椅子上跳起来。在恐慌中唯一能帮助我的，是用等量的身体活动消耗我身体产生的肾上腺素（adrenaline）。我常常会趁着黑夜，在家附近快步走。最终，身体和大脑都消耗殆尽，我会带着眼泪回到家中。

神经科学家雅克·潘克塞普（Jaak Panksepp）的研究印证了刘易斯和我自己的经验。潘克塞普是情感神经科学（affective neuroscience）领域的先驱，该领域研究情感的神经机制。他坚持认为，可以对动物的情感做科学和实证研究，并创建了一个研究大脑产生的情感范围及其功能的复杂模型。图森气候宜人，这带来一个好处，就是年长的学者愿意来这里访问。在2017年潘克塞普去世前不久，我有幸在亚利桑那大学听过他几次演讲。他的一个鲜为人知的学术贡献是对于悲伤的神经生物学理解。他十几岁的女儿在一次车祸中丧生，肇事司机酒驾，因此他关于悲伤的知识不仅来自学术研究，也来自生命体验。

潘克塞普将不同情感的神经系统用大写字母命名，如大写的开心、愤怒和恐惧等。他将控制丧失反应的神经系统命名为恐慌/悲伤，甚至在标题中就突出了两者的重叠。当然并不是悲伤的所有方面都和恐慌感觉类似。潘克塞普指的是：①急性悲伤；②跨物种保留的悲伤；③大脑较高层皮质区域尚未弄清的悲伤。潘克塞普证实，当动物和同伴分离，它们往往会经历一个特殊时期，其间，它们活动增加，心率和呼吸频率提高，释放皮质醇等应激激素，并发送求救信号。潘克塞普的主要研究聚焦于这些求救信号，他发现一些物种甚至还会发出超声求救信号。他确认了他称之为悲伤解剖学（anatomy of grief）的动物神经系统，即受到电刺激时，那些会发出求救信号的互相关联的大脑区域。这些区域包括脊髓上方的中脑导水管周围灰质（periaqueductal gray，简称PAG)。在我的第二个神经成像研究中，丧亲的被试无论有没有罹患复杂悲伤，在看到已逝亲人的照片时，与看到陌生人照片的表现不同，他们的中脑导水管周围灰质都会激活。

出现恐慌、活动增加和发送求救信号有可能促使被分离的动物与同物种，或者叫“同种”（conspecifics）的其他动物取得联系。我们可以假想恐慌/悲伤的功能促使动物，包括灵长类动物，与其他动物取得联系。同物种的其他动物当然能够帮助陷入恐慌的动物存活下去，即使死去的那头动物无法与它们的爱人重聚。社交导致陷入痛苦的动物体内的阿片样物质释放，这种物质既能提供安慰，也是强大的学习工具。与其他动物社交带来了强大的奖赏，一种身体内部产生的阿片样物质，而强大的奖赏会鼓励之前做出的行为。如果我们能够从这一生理知识中学习独特的悲伤缓解方法，那该有多好！“为了暂时缓解我们的痛苦，和关心你的人进行两次长谈，最好加上拥抱，再来句‘早上给我电话’。”

在我恐慌的很多时刻，我会给姐姐或者最好的朋友打电话。如果联系不上她们，我就给另一个好朋友打电话。然而，有时我会因为觉得太晚了，或者感觉没那么糟糕，或者太麻烦别人而决定不打电话。演化开启了人类的各种行为模式，而人类有重塑所有这些行为模式的能力。我非常有幸结识了这些不管多晚都会接听我的电话、和我交谈的朋友。他们的支持很有可能是我能保持理智的原因。仅仅知道我可以给他们打电话，即使我没有打，也构成了极度痛苦与中等痛苦的区别。我很清楚我有多幸运，因为在同样的情况下，世界上有很多人可能甚至找不到一个他们可以打电话倾诉的对象。

当下蕴藏着什么？

如果当下只蕴藏着恐慌和悲伤，我们到底为什么还要全神贯注于当下呢？一开始，或许我们只能在很短时间里忍受当下的痛苦现实。在我的研究领域，一位受人尊敬的同事曾经对我说，念本科时，她结婚生子，然后她的丈夫突然去世了。她成了单亲母亲，既没有大学学位，也没有工作。她有充足的理由感到恐慌。她告诉我，她知道自己无法忍受应对现实的含义，但她说服自己或许可以用两秒钟的时间来思考现实。第二天，她或许可以忍受两倍这样的时间。第三天，忍受的时间再翻倍。如此等等，直到她能够决定该怎么做。实际上她后来成了非常著名的研究者，和成年儿子的关系也非常融洽。当我们在大脑中穿越到过去或未来，我们实际上在保护自己不去感受痛苦，尤其当现实痛苦到无法忍受的时候。这种应对方式在急性悲伤中非常典型。

但当下也蕴藏着可能性。当下让我们看到人类其他成员。只有在当下，你才能感到快乐或安慰。你无法在过去，也无法在未来感到快乐或安慰。这么说听起来很愚蠢，其实我真正想说的是：你能记住曾经感到快乐或安慰的时刻，但你只能在当下真的感到快乐和安慰。对过去的记忆或对未来的计划，或许能激励你获得这些感受，但是这些感受只能在此时此地发生。你的身体只能在当下产生皮质醇或阿片样物质。如果你总是沉浸在那些“如果……会怎样”以假乱真的虚拟世界，在那里你的爱人依然在世，你的朋友能更好地理解你的悲伤，那么会有一个缺点：你正在错过实际上正在发生的事情。尽管当下的很多方面或许是令人痛苦的，当下也有很多方面是精彩纷呈的。人类无法只忽视令人不快的感情。如果你对瞬间的体验麻木，就会对所有的一切麻木，不管这一切是好是坏。你会失去让你的心被带着明媚微笑的咖啡师温暖的机会，也会失去被公园中蹦跳的小狗逗乐的机会。如果你为了逃避痛苦，而逃避对于周围正在发生的事情的意识，最终你将失去对周围正在发生的事情的意识。只逃避消极的感情是不可能的。忽视当下会使你难以养成新的生活方式。当你活在当下，多巴胺、阿片样物质和催产素等化学物质的反馈会帮助你开始重建有意义的生活。

有一年，我和我最好的朋友一起去度假。我一边和她聊天，一边和新男友发短信，忙个不停。突然，她问我有什么新年决心，当我告诉她，我希望能在新的一年里更具正念（mindfulness）时，她咯咯笑了起来。我说这话的时候手里拿着手机，甚至没有看她。她的笑让我有些不快，因为显然，虽然我没有注意她，但我注意到自己在做什么。多年以后我才理解，正念的含义要比仅仅注意更广。活在当下是在你的关注点之外，意识到那些此地此时在你身边的人，不管他们是朋友、收银员、孩子、老人还是陌生人。从某种程度上说，正念是将自己的注意力转移至对于此地、此时和亲密感的意识上。你或许会注意到自己正在做的事情，但这与意识到你正在当下的这个房间，与你身边的人一起做这件事并不相同。从某些角度来说，我把这种对于当下的意识理解为对正在做的事情的全身心投入。这会给你最大的机会，让你体验正在发生的事情，看到世界的神奇可能，并从与世界的互动中学习。

在我充满恐慌的悲伤早期，我根本无法专注于当下的生活，更不用说学会转移意识的焦点。实际上，我在厨房橱柜上贴了一张便条，上面写着，“做饭，清洁，工作，娱乐。”便条有两个目的。首先，尽管便条看上去内容极少，却是我认为自己一天能实际完成的目标。在我感到茫然、不知所措的时刻，我会看一看这一简洁的列表，告诉自己下面该做什么。其次，在那些我完成了这四个目标中的任何一个或几个的日子里，我会想到这已足够，真是美好的一天。需要明确的是，我所体验的是正常、典型、普通的悲伤，而不是复杂悲伤。我花了数月时间，才让自己的生活重新变得充实。从某些方面来说，这是一项仍在进行的工作。长期来看，找到方法在当下投入更多时间，帮助我弄清了现在的生活感受如何，而当我知道了现在生活的真实感受，就可以选择如何度过现在的生活。

失眠

如果经历悲伤没有让当下变得足够难以忍受，那么常常伴随悲伤而来的失眠也不会让人感到好受些。爱人死后的时间段如同暴风雨，它让控制我们睡眠的所有系统失调。首先，面对丧亲应激，我们的系统产生肾上腺素与皮质醇的结合，份量之大足以使任何人无法入睡，就好像他们一整天喝了多余的咖啡一样。除此之外，还有失眠研究者称为“授时因子”（zeitgeber）的所有变化，该词意味着“时间授予者”。授时因子是使一个人的生物节奏与地球24小时光明/黑暗循环保持同步的任何环境线索。与入睡相关的授时因子包括：吃晚饭，睡前看电视或阅读的安静时光，带着你伴侣身上的温度、气味和他的视觉形象入睡，关灯等。很有可能所有这些授时因子都由于你爱人的缺席而被打乱了。每个授时因子都变成了悲伤的线索，让人想起他们的缺席。当你悲伤时，授时因子不仅缺席，这种缺席还会引发与悲伤相关的沉思。这种与悲伤相关的沉思会维持我们反复出现的想法并导致生理唤醒。难怪我们会睡不着。

许多医生会根据丧亲病人描述的失眠严重程度，为他们开苯二氮䓬类药物（benzodiazepine）或失眠药物。实证证据表明，长期来看，这些药物对缓解悲伤没有帮助，甚至还会使丧亲人群的睡眠质量变得更糟。即使你通过吃药改善了睡眠，最终你的生理节律会习惯于这一药物线索。准备入睡时，你会习惯于吃过药物之后的感觉，就像习惯于你入睡前所做的其他事情一样。当你停止服药，就会再次失眠，甚至失眠更加严重。你的睡眠不足会变本加厉，而现在你不仅要应对爱人的缺席，还要应对你已经习惯的药物的缺席。时间无法疗愈，只有时间中获得的经验可以疗愈，这是关于这一点的另一个例子。如果你把经验排除在外，哪怕是失眠的经验，那么学习过一种顺应你昼夜节律睡眠周期的生活会变得更加困难。长期来看，找到让睡眠正常化的方法也会变得更加困难。

因为失眠是一个非常重要的问题，我想说得更清楚一些——在医生开失眠药物的时候，他们是出于好意。一项针对医生的研究的一个偶然发现或许跟我们的话题相关。这项研究的研究者想要了解，为什么在所有的指南都反对医生给成年病人开苯二氮䓬类药物，如地西泮（diazepam，安定）或劳拉西泮（lorazepam，阿提万）等药物的情况下，医生还是会这样做。该研究本来并不是为了调查丧亲失眠人群是否需要服药，而是想了解医生给任何病人开这些失眠药物的原因。让人意外的是，33 位医生当中有 18 位自发承认，他们专门给急性悲伤的丧亲者开苯二氮䓬类药物。在此之前，研究者们从来没有意识到给丧亲者开失眠药物是多么普遍，这一问题也没有进入研究者的视线。此外，研究者没有再询问医生，而是访谈了 50 位长期服用苯二氮䓬类药物的年长者，询问他们是如何开始服用这种药物的。20% 的人报告称，他们是由于丧亲而开始服用这些药物的，然后一直没有断，服用这些药物的时长平均大约 9 年。而我们知道，对于治疗失眠，学习认知行为疗法的副作用较少。

医生给病人开药，是因为他们对病人的痛苦有共情，希望为病人做点什么。一位受访的医生这样说，“有人给我打电话，说她的儿子去世了，丈夫去世了，我会不假思索地给他们开苯二氮䓬类药物。如果这还不够的话，我会请他们找个时间来见我。所以，它们是非常好的药物。”我想说的并不是使用这种强大的药物毫无理由，而是尽管医生的动机是给病人提供同情和关爱，但是没有证据表明，这种药物能够帮助病人入睡或缓解悲伤。

正如我们无法强迫自己不再悲伤，我们也无法强迫自己入睡。我们能做的是为我们的自然系统提供机会，使它重新变得规范，尽管这样做需要时间。我们缓慢重拾生活的碎片，培养新的习惯和新的授时因子，获得对于所发生的事情的新的理解。我们能够帮助自然的睡眠体系的一个方法是加强它有规律的节奏。尽管我们无法强迫自己入睡，但是我们可以强迫自己每天在同样的时间起床，这是最强大的授时因子。这一苏醒时间重新设置了整个昼夜节律周期，长期来看，这会对我们有所帮助。即使我们因为睡得很少，白天会感觉疲倦，强迫我们每天随着闹铃在同一个时间按时起床，还是会有所帮助。实际上，丧亲期间，我们的大脑依然足够聪明，能够通过偷取每一睡眠阶段的一小部分，来获得我们绝对需要的睡眠。大脑会分别从深度睡眠（deep sleep）、快速眼动睡眠（rapid eye movement 或 REM sleep）以及浅睡（lighter sleep）中偷取一部分睡眠时间。这意味着尽管我们总的睡眠时间减少了，我们依然能够获得需要的所有睡眠阶段。大脑在代表我们工作，虽然我们无法理解它的工作。

除药物之外，将其他线索加入睡眠过程，也不是好办法。一位年长绅士的妻子因乳腺癌去世。他告诉我，他养成了在电视机前舒服的躺椅里入睡的习惯，因为他无法让自己站起来面对婚床。每当夜深人静，他睡意昏沉，都很高兴能进入无意识。但是在椅子上睡着并不是解决办法——最终他会在电视机的响声中醒来，走过可怕的大厅，进入他们的卧室。因为失去了一天结束时自然产生的睡眠压力（因为在他躺在椅子上时，内在的生物动力已经用完了），他会睁眼躺在床上，孤独又悲伤，他们的婚床与悲伤之间的联系更加紧密了。在更好地理解了人的生物睡眠系统之后，他规定不管自己如何沮丧，在每晚 10 点晚间新闻开始时都起身准备睡觉，因为他常常在看完新闻头条后睡着。他会在第一则新闻时刷牙，在第一个插播广告时准备睡觉。尽管他讨厌进入他们的卧室，因为难免睹物思人，但他还是会躺下，大多数时间睡意自然地袭来。随着时间的流逝，他逐渐不那么害怕睡觉，也越来越相信，并不是每一次入睡都会伴随悲伤的阵痛。

人的河流

我读过一首诗，现在找不到了。虽然记不清诗的来源，但我可以分享诗的大意。诗人写道，她在夜间醒着，辗转反侧，难以入眠。她不知道有多少人像她一样也醒着，饱受失眠之苦。她想象，如果大家都起床，走出房子，来到街上，那么会汇成一条人的河流，无眠是他们的共同特点。那场景非常美妙。

失眠如此，悲伤亦如此。让我们难以理解的是：众人皆悲伤。悲伤不单单属于你一个人，也属于世界上的每个人。这是生而为人的一条法则。然而，这也意味着，当我们感到悲伤时，我们突然与成百上千曾经感到悲伤的人融为一体，从你的祖先到你的邻居再到完全的陌生人。这条人的河流或许能，也或许不能理解你和你特定的悲伤，但是他们也曾经与悲伤斗争。你并非孤身一人。一旦我们聚焦于自己的悲伤，一旦我们执着于自己的经验，我们就和身边的其他人隔绝开来。而当我们把自己的悲伤看作众人皆有的悲伤的一部分，就找到了与他人连接的入口。我们有时会为自己强烈的悲伤感情觉得羞耻，会为其他人对我们心情的反应感到愤怒，或者会感觉软弱、迷失或不安。然而，因为我们是人，而人生来就会悲伤，如果我们能够停止自我评判，对自己多些同情，我们或许在与他人连接时也会感到容易一些。

这就是亲密感的一个方面，而亲密感是大脑使用的三大维度之一。正如你的思绪可以从过去转向现在，你的大脑是否也可以从感觉陌生转向感觉亲密？想一想你和任何一个相识的人有多么相似吧。你们都感到沮丧，你们都渴望幸福，你们都有一个会感到疼痛的肉身。这些相似之处的具体内容可能千差万别，但是人类经验是重叠的。回想一下第2章“自我对他人包容程度等级图”（图2-1）中的那一排互相重叠的圆圈。如果你围绕两个圆圈移动，就好像它们是太阳系模型中的两颗行星那样，那么你所看到的景象将发生改变。通过改变你的视角，通过移动你的列队方式来观看它们，两个甚至没有交集的圆圈也会有重叠的部分。或许从另一个角度看，你和另一个人也可以是亲密的。

几年前，我开车去怀俄明州看日食。那是正午时分出现的令人惊叹的天文事件。在很短的时间里，我看到月亮运动到太阳和地球的中间。从我在地球上的位置看去，随着月球逐渐遮盖了明亮的太阳，新月形的阴影不断加重。当太阳、月亮和地球恰好连成一条直线时，我发现行星之间是如此接近，这一景象真是令人惊叹。在悲伤的时刻，有些人会感觉与周围人的亲密感就像日食一样难得。而如果我们能够注意到他人，那么改变我们的视角，去感受我们与世界上其他人的亲密就是可能的。如果我们一直关注当下，保持对亲密感的意识，或者转变我们的视角，就可以发现我们与任何曾经体验过爱和悲伤的人都有一些共同之处。这适用于几乎所有人。

短暂的拜访

神经心理学家使用一种特别的测验来判断一个人的大脑在不同任务之间转移注意力的能力。测验是一种连点成线的游戏。被试以升序的方式，将一个点和另一个点连成线。这个测验棘手的地方在于，被试需要在升序的数字和升序的字母之间来回转换，从1到A到2再到B，如此等等。浏览整张页面寻找下一个数字，然后飞快记住，转而寻找下一个字母，这是非常困难的。一个人完成这一任务的速度与他的大脑执行控制网络的完整性直接相关。具体说来，控制网络区域的大脑活动同步程度与一个人完成连点成线任务的速度相关。也就是说，大脑控制网络的同步程度与人们转移注意力的能力相关。

当一个人将注意力从思考悲伤转向活在当下时，也需要使用这一任务转换能力。卡内基梅隆大学神经科学家大卫·克雷斯韦尔（David Creswell）研究了应对另一种悲伤的人群，即失业者。他带领一些失业、求职中的个人进行了为期三天的静修，教会他们各种冥想的方法。在静修前后，他分别对被试的大脑做了神经成像扫描。他引导一半被试关注他们的体验，命名他们的体验，然后放下这个想法，让意识重回当下。研究显示，在静修之后，受到这一干预的人群大脑的执行控制网络与默认模式网络之间体现出更高的同步程度。在静修之后，相比仅仅学习过应激处理而没有学习过如何提高当下的意识、如何转移注意力的控制人群，受到干预的人群在网络连接性方面表现出明显的提升。网络连接性或许是一种神经识别标志（neural signature），它的提升标志着将注意力从默认状态返回正在发生的事情的能力的提高。默认状态通常包括以内在为中心、关于自己的想法。如果不能从当下正在发生的事情获得反馈，我们或许需要更长的时间适应悲伤，学习在失去爱人的情况下重建充实的生活。

刘易斯写道："我不仅每天在悲伤中生活，度日如年，还每天思考度日如年的悲伤生活。"由于失去了爱人，我们的思想、大脑及身体严重失调，无法正常运作，在悲伤早期，许多悲伤的人无法高效地做事。但随着时间的流逝，我们有机会去学习应对每一个新的时刻。我们可以考虑如何做最符合我们的利益以及在当下渴望过去有何优缺点。我们或许会逃避当下正在发生的事情，拒绝参与现在能被看见、感知和品味的事物。我们甚至无法察觉自己的思想，习惯性地走神，除非我们的注意力被某事吸引，或者我们在完成需要专注的任务。转移注意力比看上去要困难。尤其在开始阶段，转移注意力需要努力。因为我们的大脑以稳定的速度产生思想，我们不太可能长时间地将注意力保持在当下。但是一遍遍重复将注意力转移到当下的技巧实际上会让我们的大脑做出改变。神经成像研究显示，当人们练习思考的新方式时——从学习冥想到接受心理治疗——他们大脑的激活模式会发生改变。这是一个非凡的想法：我们思想的内容，或者我们注意力的分配，改变着我们大脑的“硬盘”和神经元突触（synapses）的“布线”。这是一个动态过程。我们的神经连接产生思想的内容，同时，对思想内容的引导反过来改变这些神经连接。

我想起一位按摩治疗师朋友所做的类比。她告诉我，她相信自己的工作并不仅仅是机械地降低肌肉的紧张度。她工作的关键是同时将客户的注意力转移到身体的特定部位，从而帮助他们放松自己的肌肉。她的角色是引导注意力：改变实际上由客户自身从内心做出。将我们的注意力转向当下，可以使用哪些方法呢？

在我们的思绪转向失去的爱人时，明确注意到我们活在当下的一个方法是利用纪念物。纪念物可以是单个的事件，但是在很多文化中都存在日常或每周举行的仪式，将我们的外在行为与我们对所爱之人的思念连接起来。点燃蜡烛是非常常见的例子——划火柴，看火焰，闻到烟味和蜡烛的气味，大脑对我们现在活动的记录以及对去世亲友的思念都提醒我们，尽管身处现在，我们一直没有遗忘过去。其他仪式则没有这么明显。多年以前，我的猫去世了。这是我第一次和动物形成长期关系，也是我第一次为这种特殊关系而悲伤。从猫去世后，我开始买花。在猫活着的时候，我不可能买花，因为猫会找到花，吃掉花，然后吐得满屋子都是。很长一段时间，我想不出为什么对我来说，不断买花是重要的。看着这些花有些令人痛苦，因为花让我想到猫的缺席。这样一来，我买花的动机就更加奇怪，甚至连我自己都很难理解。但我也很享受花的陪伴，享受它们娇嫩的花瓣和美好的香气。最终我意识到，我喜欢生活中有猫，但这并不意味着猫在世时，我不怀念屋里有花。现在，我享受屋里有花，尽管花提醒我，猫不在了。这不是简单的交换；我不需要在两者之间做出选择，就好像我有的选一样。这只是我在当下面对的现实。对于现实，我总有享受和不享受的地方。我不能假装，当我可爱的猫在世时，一切都是好的。买花是提醒自己，我活在此地此时，我想真的成为此时的一部分，而花、关于猫的记忆和所有的一切都是此时的一部分。

走神的想法

哥伦比亚大学的神经科学家诺姆·施内克（Noam Schneck）在21世纪第一个十年的后期发表了几篇论文，试图解决科学家在理解大脑如何加工悲伤的过程中遇到的一些难题。施内克使用了神经科学中一种称为“神经解码”（neural decoding）的新技术。这种技术使用非常复杂的算法来寻找当我们想到某件特定的事情时，大脑活动中出现的指纹（fingerprint）。下面是具体操作。施内克在被试接受神经成像扫描时，请他们去想自己已逝的爱人。他通过向被试展示逝者的图片和故事，帮助被试产生逝者相关的思想。我们把这称为照片 / 故事任务。被试也观看陌生人的故事和照片，就像我们在之前的研究中所使用的控制条件一样。在神经成像扫描之后，计算机识别出被试产生逝者相关的独特思想时的大脑激活模式，或者称为逝者相关思想的指纹（fingerprint of deceased-related thought），它与陌生人相关思想的指纹不同。因为这些模式是由计算机发现的，这一技术被称为“机器学习”（machine learning）。具体来说，机器学习是计算机通过寻找一系列数据当中的模式来“学会”

识别思想内容。然后，对计算机进行“测试”，看它能否在一个不同的数据系列当中，使用同样的模式，准确预测同样的思想内容。在施内克的研究中，大脑激活模式，即逝者相关思想的神经指纹，包括了我们之前在悲伤研究中所发现的大脑区域的活化作用。这些大脑区域包括基底神经节（basal ganglia），它是伏隔核所在的区域。

这一机器学习过程的惊人之处在于，一旦施内克识别了逝者相关思想的神经指纹，他就可以使用同样的指纹来寻找不同神经成像扫描任务中与逝者相关的思想。被试还完成了一个持续的注意力任务。这个任务非常无聊，被试常常会走神。想象一下，假如你在扫描仪中躺 10 分钟，每当一个数字出现，就按下按钮，只有当这个数字是 3 时，不用按下按钮。正如你可能会想象到的，这个活动并不很吸引人。很快，正如研究人员所期待的那样，被试的大脑开始走神。每隔 30 秒左右，研究人员请被试回答他们是否在想他们已逝的爱人。

施内克和他的同事想要知道，在持续的注意力任务中，在照片 / 故事任务中所识别的神经指纹是否可以准确预测被试何时在想他们已逝的爱人。不出意料，在第一个任务中机器学习算法所产生的神经识别标志能够在第二个任务中，以大于巧合的准确性预测被试何时在想逝者。

你可能会觉得这很吓人，或者以为神经科学家掌握了读心术。但是请记住，在得到一个人的许可之前，我们是无法找到他思想的神经指纹的。为了创造一个计算机可以学习的数据系列，这个人必须告诉你，他们何时在想一件特定的事，这就需要被试的主动合作。尽管神经解码令人印象深刻，它的准确性远远不到100%。思想是有意识的经历，只有当一个人对他们的所思所想做出详尽报告，计算机才可能学会这些思想的神经指纹。除非被试积极地提供帮助，把他们当下的所思所想与大脑激活模式匹配起来，没有研究者能够弄清一个人到底在想什么。

那么，丧亲人群隔多久会走神呢？施内克的神经成像研究结果表明，在持续的注意力任务中（这时，人们的大脑实际上常常走神），丧亲人群有30%的时间真的在想他们已逝的爱人。在真实生活中的悲伤早期，完成任务的过程常常会被关于已逝爱人的侵入性思想打断。这项研究最有趣的结果在于：逝者相关思想的神经指纹在被试大脑活动中出现的次数越多，被试就越经常在日常生活中避免想到逝者或他们的悲伤。所以，被试越经常地试图避免想到这个人，就会越经常地不经意想到他们。认知逃避可以是丧亲人群用来从经常出现的、痛苦的丧失思想中获得解脱的策略。然而，科学家发现，更频繁的逃避也与更多的侵入性思想相伴随。反讽的是，压制一个人的思想与这些思想的反弹相关。我们需要发现新的、帮助丧亲人群应对他们当下痛苦思想的策略，因为从长期来看，逃避对他们没有多少帮助。

对丧失的无意识加工

施内克所做的第一项研究聚焦于被试有关逝者有意识、可报告的思想，即使这些思想是在被试做其他事情的过程中出现的。施内克所做的第二项研究更加有趣。他想更多地理解对丧失的无意识加工。因为从定义上看，思想必然是有意识的，施内克只能通过询问人们了解他们的思想。为了研究无意识加工，他必须想出办法，找到无意识加工的神经识别标志，这种标志不依赖被试的报告。无意识加工与我们在第 1 章所探讨的内容相似：大脑通过时间中的经历体验新世界，意识到爱人的缺席。当你意识到在洗完衣服之后，你不再打开丈夫的袜子抽屉，这一新行为的出现是因为大脑对大量重复经历的背景加工。因为即使在我们没有明确意识到大脑在学习和适应悲伤的时候，大脑也依然在这样做，我们或许并不需要一直投身悲伤的工作或是有意聚焦于丧失。和我一起工作的研究生萨伦 · 西利（Saren Seeley）把这一情况与我们在屏幕上敲文字而计算机在后台运行程序相提并论。那些不可见的后台程序使我们完成手中的任务成为可能。然而，计算机能给那些后台任务分配的资源有限，超过这一限度，我们手中正在完成的任务就会慢慢停下来。

在第二个研究中，施内克通过观察被试何时由于睹物思人而慢下来，去寻找对丧失的无意识加工的神经识别标志。在经历悲伤时，你的环境中会有许多物品让你睹物思人，分散精力，你知道这是如何发生的吗？在一项反应时间任务中，施内克的神经解码器将受逝者相关的文字干扰的大脑指纹与大脑对其他文字更快速的加工进行对比。大脑激活模式对选择性注意（selective attention）的这一差异做出区分。随后，计算机准备工作，寻找大脑的不同激活模式。在第二个研究中，计算机并不试图用它的算法找出逝者相关的特定思想，而是试图确定当大脑注意到逝者相关的文字时，反应时间变慢的事实。这项研究的关键在于：在做其他任务时，被试更慢的反应速度，或者对丧失的更多无意识加工，与悲伤症状变少、减轻的报告相连。更多无意识加工的神经指纹与更好的悲伤适应相关（并不是说我们对无意识思想有任何控制，但这就是它运作的方式，非常有趣！）。总结起来，施内克从这两个研究中所发现的就是，与逝者相关的有意的、侵入性的思想与悲伤的加重呈正相关。逃避这些侵入性思想与这些思想的增多相关。与此相反，对丧失的无意识加工与悲伤的减轻相关。因此，尽管分散我们注意力的有意识思想可能对我们没有帮助（尽管可能是无法避免的），走神时的无意识思想却可能是有用的。

使用逃避策略的丧亲人群似乎在用对精神加工的无意识屏蔽，来阻止关于他们已逝爱人的有意识思想进入他们的自觉意识。施内克把这一现象比作使用低效的弹出窗口阻止程序（pop-up blocker）。从某种程度上说，在开始阶段，我们对新出现的思想的屏蔽是有效的，能够阻止“弹窗”。但是随着时间的流逝，系统开始过载，最终，我们无法阻止“弹窗”。在理解对悲伤的有意识加工与无意识加工的关系方面，丧亲科学还有很长的路要走。为了理解逃避与沉思能同时导致或维持延长悲伤综合征的方式，我们还需要做更多的研究。但是，聪明而年轻的神经科学家正全力投入悲伤的神经生物学研究。我相信，我们已走上一条充满希望的发现之旅。

爱

每一天都在向我们证明，我们的爱人显然已经不在这个物理的世界上了。但是他们并没有离开，因为在我们的大脑和思想中，他们与我们同在。我们大脑的物理构成被他们改变，我们的神经元结构也被他们改变。可以说，这是他们物理形式上的继续存在。即使在他们死后，他们依然以神经连接的形式，完好保存于我们的头颅内部。我们的神经连接是他们物理形式上的继续存在。因此他们并不是完全“在彼处”，也并不是完全“在此地”。你们不是一个人，也不是两个人，因为两个人之间的爱是一种完全可知，却通常无法描述的特质。爱在两个人之间发生。一旦我们认识了爱，就可以意识到爱，感受爱的出现，感受爱从我们身上向外发散。这一体验超越了我们对于尘世中曾经熟悉的那个人身体发肤的爱。现在，爱的经历成了我们自身的一种属性，不管我们和谁分享爱，也不管回馈我们的是何种情感。这是一种超验的体验，一种不求回报的爱的切身感觉。我们在共度的最佳时刻，学会了爱与被爱。由于我们的联结体验，爱人和爱的经历现在已经成了我们的一部分，在现在和未来的合适时机随时为我们取用。

第10章 描绘未来

2002 年的一个星期五，两岁的本（Ben）和他的妈妈珍妮特·马雷（Jeannette Maré）、哥哥还有妈妈的一个朋友待在家中。就在那天，本气道肿胀闭合，尽管经过全力抢救，他还是夭折了。珍妮特说，面对这样的新现实，她和家人痛苦得难以言表。为了缓解痛苦，他们开始把玩黏土，和朋友在车库中制作了成百上千个黏土铃铛。在本的忌日，他们把这些铃铛挂满图森各地，写上寄语，供人们带回家，传递善意。

珍妮特说，她意识到，如果没有她的社区和亲爱的朋友，她甚至无法活下去。她想找到一种方式来传递善意，帮助其他需要帮助的人。从这一悲剧中，本的铃铛（Ben's Bells）这一非营利组织诞生了。该组织的使命是帮助个体和社区学习主动表达善意的积极影响，鼓励人们将善意作为一种生活方式来实践。该组织现在提供主动表达善意的课程，对象从幼儿园孩子到大学生都有。该组织的影响是非常惊人的。经过图森的每一所学校，你都会看到一个绿色的瓷砖壁画，上面写着“与人为善”。在图森的大街小巷，汽车上都贴着标志性的绿花保险杠贴纸，中间也写着“与人为善”。收到别人赠送、带有花饰的陶瓷铃铛是件神圣的事。

本的铃铛这一组织产生了这么大的影响，因为它诞生于在悲伤中意识到的真理。人们对珍妮特所说的话并不都是善良或者有益的。有些话非常伤人，即使他们说的时候完全是出于好意。我的一生都在思考悲伤，但是想到我曾经对悲伤的人说过的一些话，我还是有些头皮发麻。知道该如何说话是困难的，毕竟我们常常说错话。

珍妮特有传播学的专业背景，她的学术训练帮助她认识到，我们需要讨论如何与人为善。为了知道对于悲伤的人来说，什么是“善良”，我们需要了解悲伤的感觉。珍妮特并不回避艰难的对话，也不回避对悲伤感觉的诚实解释。悲伤的人或许伤心，或许生气，这些都是对丧失的自然反应。对他们身边的人来说，让他们振作起来并不是目标，陪伴他们才是。珍妮特也意识到，重要的不只是文字本身，而是表达文字的方式。她想帮助人们理解，真正倾听丧亲者当天的感受和状态是重要的。

甚至直接说出你不知道该对他们说些什么，但是你爱他们，并将陪伴他们度过这段艰难的时光是脆弱而有力的。赠送他们礼物的行为，哪怕只是铃铛这样的小礼物，创造了供我们反思的机会，反思如何给予，如何在场，如何与人为善。因为珍妮特的悲伤体验和她对自己体验的诚实，她把自己的悲伤痛苦和支持他人的经历转化成了一个使我们所有人都可以从本的短暂生命中获益的课程，尽管我们与本素昧平生。本的生命感动了许许多多人。这样的生活并不像珍妮特原先想象的那样，但她的生活得到了重建。

悲伤的感觉与悲伤的过程

正如我在本书前言中所描述的，悲伤的感觉（grief）与悲伤的过程（grieving）不同。悲伤的感觉是反复自然产生，又自然消退的痛苦情感状态。人们或许会想象，当阵痛发生得不再那么频繁，或不再那么强烈，悲伤的感觉就“结束”了。从某种意义上说，他们是对的。如果我们的目标是悲伤阵痛的减弱和变少，这种消减很有可能会随着时间的流逝和经验的增加而自然发生。但是，如果丧亲者随着时间的流逝，没有像他们所期待的那样体验到悲伤阵痛强度和频度的减弱，他们可能会开始沉思，不仅沉思他们的丧失，也沉思他们对丧失的反应。

他们可能会开始好奇，我的悲伤是正常的吗？其他人在期待我“向前走”，但是我却感到好像没有“向前走”。这意味着我的感觉将永远如此吗？这样的自我监控产生了一种相反的效果，就是让悲伤始终处于你大脑的最前沿，而这将增加和延长你的悲伤反应，而不是使你的悲伤随着时间的流逝，逐渐变得不那么痛苦。

我想大多数丧亲人群都认为悲伤“结束”的标志不仅是悲伤阵痛强度和频度的减弱。重建充实的生活或者说“适应”一词是更好的定义。我想这是比“结束”一词更准确的描述。但是作为目标，有意义的生活与仅仅是频繁而强烈的悲伤阵痛的结束是完全不同的。如果我们想象获得有意义生活的唯一方法是和逝者在一起，那么这种目标将永远无法实现。相反，我们可能必须放弃实现有意义的生活目标的这一特定方式，转而采用其他方式。说实话，做到这一点非常困难。

如果你掌握了多种让生活变得有意义的方式，那么你会有更大可能实现目标。这需要巨大的勇气和灵活性。它要求你的大脑关注你在当下真正感到有意义和令人满意的事物，并在此基础上学习新事物。这一转变可能会带来充满爱、自由和满足感的生活，尽管与你之前的生活不同。悲伤的过程是从你的依恋需求被已逝爱人满足，向你的依恋需求不断以另一种方式得到满足转变的过程。

用另一种方式得到满足并不一定意味着被另一个人所满足。过有意义的生活并不等于再婚，或者再生个孩子。实际上，如果这些关系分散了你追求有意义生活的注意力，那么它们实际上对于实现这个目标是适得其反的。

很有可能，有意义生活的构成也受到你最近与死亡的亲密接触的改变。死亡以残酷的方式向我们澄清什么是有意义的生活。弄清了这一点，我们可能会发现，我们的日常目标和我们所怀抱的价值观是毫不相关的。这令人沮丧和抑郁。如果我们愿意改变我们的日常生活，追求这些新的价值观，这可能会导致极大的动荡。如果倾听一位同事讲述她的人生戏剧让我们感觉虚假和无意义，我们或许会不大愿意这样做。由于最近发生的事情，我们或许会在家庭聚会场合不再关心恰当的礼仪。发现我们的价值观和日常生活细节之间的不匹配，或许会让我们对自己的处境感到烦恼，或许会让我们在表达强烈的情感或追求新的目标时无所畏惧。但是我们并非生活在真空中。对我们活着的爱人而言，我们的所有这些情感或变化也都不太容易适应。由于我们意识的更新或所追求的优先项的改变，我们或许会和我们活着的爱人产生摩擦。一些丧亲人群会发现，他们通讯录中的所有人都变了。悲伤期间，我们的大脑在理解我们的新世界以及我们所享受或觉得值得的事情，有时我们就在这样的基础上重新定义我们的身份。如果我们的身份是一个与某个已经去世的人有重叠的圆圈，离开了他们的持续影响，我们会发生改变，从而需要重新定义和更新我们的追求和处境，这难道是令人吃惊的吗？

计划是什么？

我们想象未来的能力，想象一个全新、未知、不包含已逝爱人的未来的能力，似乎使用了与我们记住过去的相似的大脑网络。我知道这听起来奇怪，但是加拿大认知神经科学家爱德华·图尔文（Edward Tulving）指出，我们穿越到过去和未来的能力有一些重要的共同特征。正如我们在之前的章节里所讨论的，原初事件发生时我们的大脑会产生神经活动，而当我们的大脑重现这一神经活动时，记忆出现了。神经活动的重现创造了对原初事件的一种感知，一次记忆，我们知道我们在此刻回忆往事。接下来，请思考想象未来是什么。想象未来也是对一个事件的可能碎片的重新组合，我们知道它们在将来有可能发生。为了使对于将来的虚拟预测变得可信，大脑依赖你已经经历和可能再次经历的事情，并将它们以新颖的方式结合起来。

不久前，我去拉斯维加斯庆祝一个朋友的50岁生日。我记得我的旅店房间是什么样子，也能想象当时我从窗口走过床边，进入大浴室的画面。我记得我喝的奶昔的美妙味道，以及我们观看的太阳马戏团表演的视觉奇观。我记得我赴朋友生日晚宴时所穿的衣服，也记得在酒店房间打开衣服包装的场景。这些记忆帮助我想象将来想要的假期景象。我可能会考虑，想订的酒店房间大小，以及我是否想订一个窗户朝向市中心的房间。我或许会订一个提供我喜欢的甜点的餐厅，像上次品尝的奶昔那样的甜点。我或许会考虑想看的表演，预估我的朋友也会觉得好玩的表演。我们都喜欢视觉奇观，而不是酒吧歌手的演唱。在计划打包时，我可能会在脑子里试穿几件外套，考虑适合当时的气候、季节和我要参加的活动场合的衣服。这么一想，可以发现，回忆过去与想象未来之间的确有很多共同之处。

回顾与展望有共同的神经机制。神经科学家正在发现支持这一观点的两条有说服力的证据。首先，当人们在回忆过去和想象未来时，扫描他们的大脑，会发现这两个神经功能使用的大脑区域有很大重叠。其次，如果人们在回忆过去时遇到困难，那么往往他们也在想象未来时面临困难。

科学家能够通过研究由于大脑受到创伤而造成特定缺陷的人来了解大脑不同部分的运作方式。理解关键区域有缺损的大脑如何工作，可以教会我们有着正常记忆的人的大脑是如何运作的。图尔文研究了一位名叫 K.C. 的著名病人。K.C. 回忆过去和思考未来的能力都有缺陷。他在一次摩托车事故中大脑受伤，伤情给他的大脑功能带来了特定的损伤。他保留了智力、转移注意力的能力和语言技巧。他的短时记忆正常，也就是说他能记起最近看到的东西。他对世界的整体知识，即被称为语义记忆（semantic memory）的记忆形式也保存良好。他能够辨识曾经拥有的汽车，他儿童时期的家以及他的家庭成员。奇怪的是，他记不起与任何这些物品或人相关联的单个经历。他知道这些物品属于他，这些人与他有关，但却无法描述任何关于这些物品或人的记忆。图尔文也评估了 K.C. 思考未来的能力。当图尔文问 K.C. 明天做什么时，他答不上来。K.C. 称他不知道，大脑一片空白，就像当他试图想起过去所发生的事情时，大脑同样是一片空白。回忆过去和想象未来使用同样的神经机制。K.C. 的这一大脑区域损坏了，这导致他回忆过去和想象未来的能力都有缺陷。

回忆过去记忆，想象未来事件

回忆过去和想象未来的能力，对于患有复杂悲伤的人群有具体的实际作用。当哈佛大学心理学家唐·罗宾诺和理查德·麦克纳利测试丧亲人群回忆个人记忆的能力时，他们发现，那些最难以应对悲伤的人同时也在回忆过去的具体细节时遇到困难，除非回忆包括他们已逝的爱人。同样，这些人也在想象未来事件的具体细节时遇到困难，除非他们想象的是逝者依然在世的反事实未来。

为了明确这一点，罗宾诺和麦克纳利请了一群能坚韧地适应悲伤的丧亲人群和一群患有复杂悲伤的丧亲人群尽可能详尽地想起四个场景。两位心理学家要求每位被试根据成功、幸福、受伤和抱歉等四个提示语，分别回忆或想象一件事。其中一些事件与逝者有关，一些事件与逝者无关。他们向被试解释了回忆更一般的事件与回忆具体的个人事件之间的区别。一般事件包括那些发生了很长一段时间的事件，比如高中结束之后的暑假，或者经常发生的事件，比如高中时的生物课，或者关于某人过去的一般事实，比如他高中就读学校的名字。具体的情节记忆包括记起高中毕业典礼的具体细节。这两种不同类型的记忆以不同方式储存在大脑里。那些坚韧地适应悲伤的人产生具体记忆的能力与想象未来事件的能力之间没有差别，不管该事件是否与逝者有关。然而，对于那些患有复杂悲伤的人，当他们的具体记忆或想象事件与逝者无关时，他们产生的记忆或想象事件比与逝者有关时要少。

罗宾诺和麦克纳利还测试了被试的工作记忆。工作记忆能力对于回忆和想象同样必要。患有复杂悲伤的人更有可能记起与逝者相关的具体事件，因为在大脑产生记忆时，他们有更多与逝者相关的记忆，他们报告的也正是这些记忆。当他们被要求回忆一段与逝者无关的时光时，可能需要绞尽脑汁才能想到。实际上，工作记忆测试证明了这一点。那些患有复杂悲伤且工作记忆能力较差的人群产生的与逝者无关的具体记忆最少，可能因为对他们来说，想起与逝者无关的记忆更为费力。

为什么患有复杂悲伤的人会拥有更多与逝者有关的记忆？更加奇怪的是，为什么他们更容易想象与逝者有关的未来事件？这至少有两个可能的原因。一个原因是如果我们经常追思逝者，构成记忆的成分就更有可能包含逝者，因此当我们被要求报告一段记忆时，就更容易想到包含逝者的记忆。另一个原因是当我们自己的身份与逝者重叠时，比如把我们自己想成“妻子”，在我们想象过去或未来的自己时，就更有可能也想到我们的丈夫。如果我们自我的本质暗含着我们的丈夫，那么想象未来的自己时，我们就会自动也想到丈夫。如果我们身份的许多方面都与我们的丈夫无关，比如我们的身份主要是“姐妹”或“导师”，那么我们想到的事件就不太可能包含丈夫。实际上，某些人在想象未来事件中的自己时，将“妻子”融为“自我”的一部分，很容易理解为什么她们在丈夫去世后会感到丢失了她们自我的一部分。如果妻子的身份在丈夫死后没有改变，未来场景中的空洞正是“妻子”一词内含的丢失的自我。

重建

重建有意义的生活构成应对丧亲的双过程模型的另一半。为了重建有意义的生活，我们需要能够想象这样的生活。绝望的本质是缺乏想象可能的未来事件的能力。我们需要能够想象未来，至少要能够为未来做计划，即使只是为下一个周末做计划。我经常听到鳏寡孤独的年长者说，夜晚和周末对他们来说是最糟糕的时光，因为在这两个时间，其他人都有事做，有人陪，而他们最为孤独。

如果悲伤是一种学习过程，那么我们可以利用周六和周日了解我们对周末做计划的能力如何。我们可以评估我们是否真的享受了周末计划，是否觉得计划有意义，或者计划是否使我们的下一周更加富有成效。丧亲期间，这是一个试错的过程。既然我们已经成了鳏寡孤独或者无父无母的人，或者与身边的人感到疏远，我们制订计划，却无法完全想象计划将如何实行。幸运的是，我们确实有人生经验，也有直觉。不，我并不想通宵去听摇滚音乐会。是的，我需要在周末看望某人，否则会觉得非常孤独抑郁。但是我想开车去看望一位熟人吗？还是更愿意粉刷我的浴室？这些选择可能不那么明朗。如果尽管有很大的不确定性，我们还是做出计划并执行，那么我们将得到反馈。我了解到，在我经历悲伤时，最好周六早上第一件事就是去便利店购物，因为我没有什么购物动机，也没有食欲，如果不尽早这样做，我就会在下周吃一整周麦片。

在想象即将到来的假期时，重建就更加重要。众所周知，假期对于悲伤的人构成特别的挑战。假期的仪式本质会让我们想起很多记忆，而假期的社交本质会突出已逝爱人的缺席。为假期做计划意味着你必须想象离开爱人而生活的自己，而很多人甚至会逃避为假期做计划的念头。我的母亲在 12 月 31 号去世。第二年圣诞节，我极为贴心的公公婆婆邀请我、我的姐姐和父亲去他们位于得克萨斯的家中共度圣诞。我们谁也无法完全想象，这个假期会是什么样子，但我们想去能让我们较少想到母亲的地方，至少在她去世的第一年如此。第一年是试错的时期。对我的家人来说，去和我的公公婆婆共度圣诞节是很好的选择。关键是要找出怎样做会让我们感觉好一些，怎样做不起作用，然后把这样的认识应用于下一个假期，以及未来的假期，因为假期年复一年，不断出现。当然，我们必须记住，丧亲一年后的你和家人与丧亲两年后的你们是不同的，同样的规则或许会不再适用。好消息在于，如果我们一直关注当下，记住上一年的情况，并且有意识地做计划，我们就更有可能过有意义的假期。我们的假期不一定一直开心，但至少会有意义。

我们关系的未来

在失去爱人之后，我们在每天的生活中体验未来的变化。在经历丧亲之后，我们活下来并最终活得好，身份也随之发生改变。那么，我们与已逝爱人的关系是否也有可能发生改变？在我的母亲去世后的多年里，可以说我和母亲的关系基本没有变化。有时，我为没有在日常生活中成为更好的女儿、没有让她感觉更好而心存内疚；有时又对她养育我的方式深感愤怒，为这一切对我人生的影响郁郁寡欢。我认为，她的基因、她的强大控制欲和我自己对于解决别人痛苦的无尽需求共同塑造了我。强烈的情感反应需要强大的处理技巧，而在二三十岁时，我缺乏这些技巧。在后来的很长一段时间里，这些感情的强度慢慢减弱了，尽管它们继续影响着我看待世界的方式。

我看着我的朋友也步入 40 岁。他们中的一些人成为专业人士，成为母亲或父亲，生活阅历的增加，改变了他们和自己活着的母亲的关系。我看到我的朋友对他们母亲的情绪和特质更加同情。他们的母亲为了使他们获得教育、自尊和稳定的家付出了牺牲，我看到他们对此更加感恩。平生第一次，我体验到了一种新的悲伤——我和我已逝的母亲将永远无法做到这一点，我们将永远无法作为两个成年女人而改善我们的关系。她生命的结束带走了这样的机会。在我 20 多岁时，我不可能想到我们潜在关系的损失。我曾经因为她的去世，因为不再需要与她进行困难的交流而感到解脱。突然，这种解脱被悲伤所取代，我为我所错失的东西感到悲伤。

我意识到，伴随着这种新的悲伤，我也对母亲曾经给予我的一切更加感恩。如果不是母亲要求我每天练琴，通过日积月累的艰苦努力取得长期进步，培养我的自律品格，我不可能在学术界生存下来。如果不是母亲训练我写感谢便条、根据场合穿合适的鞋子以及如何与人闲聊等社交礼仪，我不可能在社交场合如鱼得水，尽管我曾经鄙视这样的训练。我意识到母亲对于任何能给我在这个世界带来优势的技能都感兴趣。她也愿意为了保证我学会这些技能而做出牺牲。我还想到她的女性主义原则，她向我和姐姐灌输的只要有决心就能实现任何目标的信念。我想到她给予了我们所有的关注，甚至在我们孩童时期就把我们当成充满好奇心和聪明才智的人来对话，而其他父母对孩子似乎并不总能表现出同样水平的兴趣。我突然能够深情回忆已经遗忘了很久、在我很小的时候她对我的爱抚。在十几岁和成年之后，我一直抗拒这样的身体接触。

不知何故，我开始相信，既然她已经摆脱了世俗的躯壳，我会一直记着她最好的一面。不知何故，我好像总能够带着对她最好的记忆，在自己的人生中继续向前。我没能在以前为她感到悲伤，或者我曾经否认自己的感情，现在才开始感到悲伤，事实并非如此。事实是，随着年龄的增长，应对丧亲的双过程模型对我仍然适用。在我人生的新篇章里，我为她的缺席而悲伤。我依然在适应她的死亡，依然在学习重建有意义的生活。尽管我们的关系曾经困难重重，但当我能够聚焦于她希望我能拥有的所有好东西时，我们过去和现在的关系都改变了。

随着经验和智慧的增加，我们的自我认知会发生改变。随着年龄的增长，我们对活着的爱人会更加富有同情心，更加充满感恩。同样，我们也能让我们与已逝爱人的关系发生改变，哪怕这种改变仅仅发生在我们的大脑中。与已逝爱人关系的改变会提高我们的能力，使我们能在当下充实地生活，产生对有意义的未来的憧憬。与已逝爱人关系的改变也能让我们感觉与已逝的爱人更加紧密连接，从对他们最好的记忆中汲取力量。与已逝爱人关系的改变可以让我们成为如果他们在世，他们会希望我们成为的最好的女儿、儿子、朋友、配偶，或者父母。我们依然爱他们，但是我们必须找到表达这种爱的另一种方式、另一个出口，因为他们不再能够从我们的善意和关心中直接获益。他们在这个物理世界中的缺席并不会使我们关系的价值发生任何减损。

新角色，新关系

重建有意义的生活常常意味着形成一种新关系，或者加强与我们认识的某个人已有的依恋关系。将某个新人带入你的生活会导致悲伤的发作，即使在一段相对平静的时期之后。在享受新关系的同时，这个新人的存在可能会提醒你已逝爱人的缺席。记住你现在的爱人和你曾经的爱人不是同一个人，这需要时间和对自己的温柔。获得一段有爱和支持性的关系，并不意味着遗忘或拒绝之前的爱人。新关系充满了需要学习的新事物。为了活在当下的新关系中，而不是在之前关系的虚拟现实中生活，我们需要做出许多调整。对那些为悲伤者提供支持的人来说，倾听和鼓励悲伤者而不去评判形成新关系的“正常”时机大有裨益。

我们之所以会质疑一段新关系，其中有一个原因。这个原因与这段关系对我们是否有益，是否让我们感到充实或愉快没有任何关系。心理学家阿莫斯·特沃斯基（Amos Tversky）和丹尼尔·卡尼曼（Daniel Kahneman）（后者获2002年诺贝尔经济学奖）证实，人类对损失的心理感受强度是收益的两倍。这一心理现象被称为损失厌恶（loss aversion）。尽管我没有见过这一概念被用于丧亲语境，但是我想或许它能帮助我们理解对新关系的顾虑这一常见体验。比如，如果我们认为我们已经做好准备开始一段新恋情，或者与一个新结交的最好的朋友一起旅行，那么与这个新人共度的时光或许并不总是特别令人满意。或者更准确地说，它不像我们和已逝爱人共度的时光一样令人满意。我们或许不像我们所希望的那样感觉良好。我们期待感觉良好，因为我们在探索一段新关系，而新关系理应是有趣和令人激动的。我们或许期待悲伤减轻，因为我们选择了在一段时间的悲悼之后，在生活中尝试新事物。然而，请注意这两个期待所要求的门槛有多高。如果损失的心理感受强度是收益的两倍，那么只有当我们在新关系中感受到的幸福是在之前关系中感受到的两倍，我们才能感到与之前相同程度的幸福。形成新关系根本无法填补已经存在的空洞。关键在于，新角色和新关系的目的并不是为了填补空洞。期待它们能填补空洞只会导致失望。

关键在于如果我们活在当下，就需要有人爱我们，照看我们。作为人类，我们也需要爱别人，照看别人。然而，在未来获得一段充实关系的唯一途径是在现在开始这段关系。为了能够想象一个我们被爱的未来，我们必须在现在开始一段最终会对我们变得重要的关系。这段关系与我们之前的关系不同，但是同样能给我们带来奖赏和支持。这就是为什么依恋关系与其他社会关系不同。如果我们的老板辞职，或者我们在结课后不再见到老师，总会有其他人填补这一角色。我们与我们的伴侣、孩子、父母和最好的朋友彼此之间有一种深厚的承诺。如果我们的依恋对象去世了，那么在多年共同的冒险中，我们在那个人身上所投注的巨大信任就跟着消失了。不会有另一个人能够轻易填补这一角色。我们必须重新做出巨大的投入。为了能够形成另一段强大的联结，我们必须通过时间中获得的经验与另一个人建立强大的信任。

逃离“鸟巢”

在丧亲适应的后期重建依恋关系，与我们通常在人生另一个阶段的重要关系发生的转变类似。青少年时期，我们必须学会减少对父母的依赖，向外探索这个世界，寻找新关系。我们寻找最终会成为我们人生中心人物的伴侣，这个人能够满足我们的依恋需求。大多数人都认识到，尽管逃离“鸟巢”是正常且必要的，但是这一经历也带来极大压力。不同的人成功逃离“鸟巢”需要的时间长短不同，这个时间段往往充满危险和挫折。这是一个虽然正常但充满压力的过程，也可能带来一些精神健康综合征，比如抑郁、过量服用药物、焦虑甚至自杀。这些问题可以在专业人士的帮助下加以解决。我认为，从很多方面来看，青春期时，我们的依恋对象从养育我们的父母向浪漫伴侣的转变，与丧亲者在配偶去世后，找到新的恋爱对象，或新的最好朋友所需要的依恋关系的重建类似。

当然，这两者有一些关键区别。当我们离家时，我们的大多数同龄人也在经历同样的转变，所以我们通常有现成的来自朋友的支持。同时，离家的时间也基本可以预测。许多辅助这种转变的社会系统都已就位，从本科生的宿舍到基本的军事训练，再到一些宗教规定的为期一年的任务。与此相反，配偶的去世只发生在部分人身上，且发生在他们人生的不同时期。成年和离家还在我们人生中特定的生理转变期出现。青春期时，促使我们去冒险、探索世界和发生性关系的荷尔蒙正分泌旺盛。由于丧亲通常在更年长时出现，随着正常的衰老，我们必须在缺乏高水平荷尔蒙分泌的帮助下，寻找新关系和新角色。

最后，离家并不意味着父母从你的生活中消失。父母依然扮演重要角色。有时这被称为依恋等级（attachment hierarchy）。配偶最终会成为我们所爱之人金字塔塔尖的中心人物，而父母通常依然会存在于这个依恋等级当中的较低层级，他们是我们重要的安慰来源。与此类似，在爱人去世后，我们不应该认为依恋等级金字塔出现了空洞。认识丧亲的另一种方法是持续性联结，对我们已逝爱人的精神再现，可能依然会出现在我们的依恋等级当中。然而，因为逝者不能满足我们尘世的依恋需求，我们和另一个人或其他人关系的重要性会得到提升。这种重要性的提升是好的，健康的，尽管在金字塔的某些层级，我们与已逝爱人的大脑或精神联结依然持续。

在解释何为依恋对象的时候，我会问两个问题。第一，和世界上的其他人相比，这个人是否认为我是特别的，我是否认为他是特别的？第二，我是否相信，在我需要他的时候，这个人会出现在我身边，我是否相信，在他需要我的时候，我会尽力站在他身边？如果一段关系满足这两个要求，不论这个人的社会角色如何，那么他很有可能满足了我们的依恋需求。这个依恋对象可以是邻居、兄弟姐妹、秘书、宠物、丈夫或妻子。社会给他的命名远远不及他在我们的生活中所扮演的角色重要。

你是何时开始爱他们的?

我们的爱人不再陪伴我们，这是他们曾经陪伴我们的延续，正如呼气是吸气的延续。他们不在我们身边这一事实影响了我们，影响了我们的生活、决定和价值观，就像他们曾经在我们身边对我们的影响一样。屏住呼吸与从未呼吸过并不相同。同样，爱人已经去世与他们从未活过也并不相同。有时，我会问——你们的关系是何时开始的？你们何时结的婚？你何时第一次亲吻他们？你何时第一次看见他们？出于同样的原因，我会问，他们何时不再是我们的一部分？他们何时走出我们的视线？他们何时去世？我们何时安葬他们？我们何时爱上他人？他们何时从我们共同的家中搬离？所有这些构成了我们对他们的认识，他们对我们的影响和我们对他们的爱。这些永不结束。

尽管研究那些在丧亲适应时遇到最大困难的人群非常重要，但是我们也可以从那些在经历了可怕的丧失之后，依然创造出美好、有意义和有爱的生活的人身上学到很多。虽然在神经科学中，面对丧亲的坚韧还没有成为研究主题，但是在心理学上这被称为创伤后成长（post-traumatic growth）。有些人从丧亲中获得极大成长，或许我们可以从他们的大脑中学到些什么，学习他们如何面对睹物思人的悲伤情绪，也学习他们如何在当下的生活中变得富有爱心、同情心和成效。

第11章　讲授你所学到的

悲伤是一种学习形式。急性悲伤要求我们学习新习惯，因为我们的旧习惯自动涉及我们的爱人。在他们去世后的每一天，我们的大脑都被新现实所改变，就像将蓝色乐高塔楼从啮齿动物的盒子中撤出后，啮齿动物的神经元必须学习停止放电一样。我们的大脑必须更新它的预测，因为我们不再能够期待我们的爱人在下午六点下班回家，或者在我们给他们打电话报告好消息时接听电话。我们了解到我们的爱人不再在我们期待的此地、此时和亲密感这三个维度上存在。我们寻找表达我们持续性联结的新方法，改变亲密感呈现的方式，因为虽然我们的爱人在我们 DNA 的表观遗传学和记忆中依然存在，但是我们再也无法在这个物理的世界上表达对他们的关心，再也无法得到他们带来抚慰的触摸了。

尽管我们或许还会和他们交谈，并且用让他们感到骄傲的方式度过我们的一生，我们在这样做的时候，必须意识到我们活在当下。我们不应该想象“如果……会怎样”的另一个现实，而必须学习在与他们保持连接的同时，紧紧立足于当下。这一受到改变的关系是动态、不断变化的，就像任何爱的关系在岁月中不断变化一样。我们与已逝爱人的关系必须反映现在的我们是谁，同时带上我们从悲伤经历中获得的经验，甚至智慧。我们必须学习重建有意义的生活。

当我说悲伤是一种学习形式时，我的意思并不是学习某件简单的事情。学习悲伤和学习骑自行车、保持平衡和使用刹车是不一样的。这种学习就好像旅行到外星球，学习适应无法呼吸，所以你需要记得每时每刻戴上氧气面罩。或者就好像学习一天有 32 个小时，尽管你的身体依然按照一天有 24 个小时来运作。悲伤改变游戏规则，你以为自己熟知并且在此之前一直在遵守的游戏规则。

因为大脑是为学习而设计的，从大脑的角度考虑悲伤，能帮助我们理解悲伤为何发生，以及悲伤如何发生。大脑有可以进入我们意识的多种信息流。我们会体验到对爱人的渴望，渴望寻找他们，相信他们会回到我们身边。这些体验通过演化、表观遗传学以及长期共处形成的习惯，在我们的大脑中变得根深蒂固。我们的大脑还有对逝者的记忆，对他们的死亡或对听到他们死亡消息的记忆，对他们死后第一年发生的所有事情的记忆，还有对我们在爱人缺席的情况下第一次做每件事的记忆。我们也能主动想起这些事情。最后，我们还可以把注意力转向当下，让当下变得充满活力和无限可能。我们可以在当下休息。只是休息，什么也不做。给自己片刻时间休息，给大脑一个机会去练习，对我们的周围环境保持正念的感受。如果我们能够给自己片刻时间，给自己这片刻的礼物，那么这种特定的心态或神经连接模式可以在任何时间、任何地点获得。这种正念的状态并不比对美好记忆的遐想更好，也不比体现了我们联结的渴望状态更好，但是当我们需要休息，哪怕只是片刻的休息时，这一高超的注意力转换能力能帮助我们忍受无可忍受的丧失现实。我们或许能在当下找到机会，甚至在我们根本没抱这种期待的时候。如果我们能觉察每一个当下，那么与他人产生联结或感到欢乐的机会就不会从我们身边白白溜走。

关于学习，科学所知道的

几十年的心理研究让我们获得了对于大脑如何学习的洞见，我们可以将这些洞见应用于对悲伤过程的理解。心理学家将学习定义为“与世界互动的经历带来的行为变化过程”。学习增强了我们的适应能力。学习能力与认知功能涉及广泛内容，甚至在正常人群中也是如此。学习的伟大之处在于，因为它是一种能力，所以我们可以通过后天努力获得提高。我们的大脑也有可以用来帮助我们学习的可塑性。心理学家卡罗尔·德韦克（Carol Dweck）把这种可塑性称为成长心态（growth mindset）。我们都有不同的认知能力，也都有进一步学习的机会。年长者或没有多少相关知识的人，可以接触新信息，或者接受悲伤教育。沉思和逃避可能会影响人们的学习能力。在心理治疗中，患有悲伤综合征的人可以获得关于这种影响的反馈。作为亲朋好友，我们可以给予悲伤的人机会、空间、善意和鼓励，帮助他们练习新的生活方式，获得新的洞见。

成长心态的一个关键是，当我们陷入困境，感觉从丧失经历中一无所获时，可以尝试新策略。一开始，在急性悲伤中，我们仅仅试着保持站立，做出向前的姿势，希望鞋子合脚。随着时间的流逝，陷入困境常常会让我们感觉我们只是在做样子。陷入困境意味着我们无法在生活中成为富有创意、充满爱心、乐于助人的人。在这一悲伤后期的时间点上，拥有新的学习策略意味着，当我们感到被悲伤的阵痛所淹没，或者被新的、充满压力的现实所淹没时，拥有一套可以尝试的悲伤应对方法和工具。我们可以从那些在我们之前经历过悲伤的人那里寻找这些工具。

悲伤和人类关系一样古老，而这一普遍性将我们与我们的祖先、我们的社群连接起来。将德韦克的“成长心态”加以类推，如果你听见自己说“我无法适应丧失之后的生活”，请将“暂时还不能”加到这句话的末尾。你的大脑在成长和改变时会产生不同的感情，这些感情包括在了解新世界时遭遇的沮丧之感和你将永远无法重建生活的绝望之感。你的大脑在整理什么会起作用、什么不起作用。如果你感到生活没有起色，或基本上没有起色，那么到了该对你的记忆、情感和关系尝试一些新方法的时候了。学习其他人是如何重建有意义的生活的，可以为你尝试新方法提供参考。你的牧师、你的祖母、你最喜爱的小说家或博客作者、心理学家——咨询某个你不认识的人，你尚未与之谈论过你的悲伤经历的人。选择一个自己有过悲伤经历的人来咨询。问问他们是如何应对悲伤的，或者更有可能的是，他们现在仍然在学习如何应对悲伤。尝试这些对他们有用的新方法。即使你觉得愚蠢，也不妨一试，然后注意怎么做会对你起作用，怎么做会让你在当下感觉更好。即使他们的方法都不起作用，你至少会感觉与某个人的连接更紧密了，与人类的连接更紧密了。既然与他人的连接是充满悲伤的人生所缺失的一部分，通过与他们交谈，你会有机会感觉更好。

悲伤导论课

我在“死亡与丧失心理学”这门课上给大三、大四的本科生讲授我所学到的关于悲伤的知识。我喜欢教这门课。据说，学生也喜欢听这门课。这或许会令你感到惊讶，因为死亡和丧失的话题不像是年轻人会选择花 16 周的时间来思考、谈论、阅读和写作的话题。记得一个学生这样描述我：看上去“太幸福了”，不像是教这样一门课的老师。或许他们期待我一直郁郁寡欢或者穿着黑衣，而我在讲台上谈论死亡时看上去很轻松，这一简单的事实让他们有些吃惊。我并不美化我所传递的知识。不止一次，在讲到一个孩子的死亡或讲到种族灭绝时，我曾经泪流满面。实际上，他们一个学期在我的课堂上所听到死亡和临终这两个词的次数，比他们在整个大学阶段听到的都多。

我们的对话深入生活的本质。年轻人渴望谈论这些问题，并寻找答案。我期待走进有 150 个带折叠书写板木椅子的演讲大厅，尽管不知道我们的对话会把我们引向何方。这些大学生已有的生死经历总是让我惊讶。他们中有不少人经历过朋友的自杀，数量之多令人不安。

他们中的许多人照顾过年老的亲戚，在家中有过临终关怀场所。他们中的一些人做过关爱丧亲儿童志愿者，或者受过紧急医疗师（emergency medical technicians，简称 EMTs）的专业训练。

我们讨论急性悲伤是什么样的。不止一位学生告诉我，他们唯一一次看到父亲落泪是在一位家庭成员去世之后。伴随孩子的成长，孩子对于死亡抽象本质的理解也发生改变。我们把对孩子认知发展的知识应用于理解这一变化过程。我向学生传授与一个有自杀倾向的朋友对话的方法，以及如果这个朋友正在实施自杀，我们该怎么做。在感恩节休假期间，我请学生将一些表格带回家，用来填写他们父母、祖父母或者他们自己的遗嘱。更重要的是，我请学生练习向他们的家人提问对他们的家人来说，在生命最后阶段的护理中，重要的是什么。

2017 年，在拉斯维加斯音乐会枪击案发生后，一位学生问我，我们是否可以在课堂上讨论这一事件。然后她在演讲大厅里直接说，她被枪击案吓坏了。我的学生中有几位有朋友参加了这场音乐会。我知道，我需要取消当天的讲课计划。我们转而通过他们的经历，谈论对他们来说，在现代社会，对死亡的恐惧是什么样的。他们描述了自己应对恐惧的方法，其中包括关注那些体现了令人难以置信的英雄气概的人。

我最爱的讨论之一是我们在课程最后一天所做的思想实验。我请学生想象，出现了一条爆炸性新闻：新的医学科学刚刚发明了一种永生药丸，然后我问学生，如果可以永生，对他们来说将会发生怎样的改变？他们会以怎样不同的方式度过一生？我们考虑了许多变化——在这一新现实中，人们还会生病吗？还会变老吗？当然这些只是细枝末节，更重要的是，永生将如何改变他们的人生规划。一些学生告诉我，他们会退学，因为他们可以在任何时候拿到学位。其他人告诉我，他们会拿多个学位，因为他们有学习的时间，而且兴趣广泛。一个重要的讨论事关他们生孩子的意愿会增加还是降低。既然他们有这个时间，他们是否想要认识世界上的每一个人？这对政府、和平谈判以及外交援助来说又意味着什么？

随着热闹的对话渐趋平静，我向学生指出这一对话的惊人含义。他们在生活中所做的事，与他们的死亡紧密相关。我们生命的有限本质影响了我们的行为、价值观以及行事方式。尽管他们在决定和选择时，从来没有明确意识到生命是有限的，生命的长度是未知的这一现实，但是在我们的思想实验中，我们看到这一现实的改变对他们行为的影响，从而能恰当地看待死亡每天都在影响着我们这一事实。死亡赋予生命以意义，因为生命要旨，并愿意给予我详细而又深刻的评论和建议的编辑而深深感激。此外，艾丹·马奥尼（Aidan Mahony）和HarperOne出版社的整个团队都极为专业。感谢肯特·戴维斯（Kent Davis），没有他的鼓励，我不会想到向经纪人提交关于本书的想法。感谢安娜·维舍尔（Anna Visscher）、安迪·斯蒂德姆（Andy Steadham）、戴夫·斯巴拉（Dave Sbarra）和萨伦·西利（Saren Seely），他们阅读了本书的全部初稿。感谢他们所付出的时间，以及他们对写得好的部分与仍需改进之处的善意评论。感谢所有学者同事，他们阅读了与他们的工作相关的段落和章节。我对他们参与科学交流的慷慨印象深刻。感谢乌得勒支大学诺恩咖啡馆的服务生塔尼娅（Tanja）。她不仅为我提供了美味的咖啡和特别好吃的三明治，更重要的是，我在荷兰人生地不熟，她给了我一个可以在上午写作的地点，同时还有温暖的友情。感谢周四晚上和周六下午的“琐事帮”，让我可以在悲伤之外考虑点别的什么。感谢我在“悲伤、丧失和社会压力”（GLASS）实验室的所有学生，身为实验室写作小组负责人的责任使我可以在面对许多其他重要任务时坚持写作。由衷感谢我的大姐卡罗琳·奥康纳（Caroline O’Connor）和我最好的朋友安娜·维舍尔（Anna Visscher），她们在我人生的所有大事中一直陪伴我左右，不管白天黑夜，随时接听我的电话。最深的谢意献给我的瑞克牌（Rick）旅行箱，在本书写作期间它陪我周游世界，与我共度“少即是多”的极简生活。感谢我的父母，感谢他们给我的无限信心，也感谢他们和我分享生命与死亡的美好过程。最后，感谢多年来与我分享人生故事的丧亲人群。我钦佩他们面对巨大丧失时对生活的坚持不懈和他们对科学研究的参与意愿。这项研究为我们提供了观察人们思想、大脑和精神的一面镜子。